污灌农田土壤复合污染的综合评价与风险评估

赵颖◎著

化学工业出版社
·北京·

内容简介

本书以太原市周边的污灌区为研究区域，以土壤-作物体系为研究对象，逐一分析重金属和多环芳烃（PAHs）的浓度水平、分布特征和复合污染效应；通过源解析，揭示研究区域内重金属和PAHs的主要来源；探讨农田-作物体系中重金属和PAHs在农作物各个组织的迁移和富集规律，并比较物种差异的影响；评估农田土壤-作物体系中重金属和PAHs污染的生态及健康风险，为进一步的污染治理提供理论依据。

本书可供从事环境、土壤相关学科教学和研究的教师和科研人员参考。

图书在版编目（CIP）数据

污灌农田土壤复合污染的综合评价与风险评估 / 赵颖著. —北京：化学工业出版社，2023. 11

ISBN 978-7-122-44543-8

Ⅰ. ①污… Ⅱ. ①赵… Ⅲ. ①农业用地-土壤污染-综合评价 Ⅳ. ①X53

中国国家版本馆CIP数据核字（2023）第215647号

责任编辑：彭爱铭　　装帧设计：王晓宇

责任校对：刘曦阳

出版发行：化学工业出版社

（北京市东城区青年湖南街13号　邮政编码100011）

印　　装：涿州市般润文化传播有限公司

710mm×1000mm　1/16　印张8　字数133千字

2024年2月北京第1版第1次印刷

购书咨询：010-64518888　　售后服务：010-64518899

网　　址：http://www.cip.com.cn

凡购买本书，如有缺损质量问题，本社销售中心负责调换。

定　　价：88.00元

前言

近年来，我国农田环境质量不断下降，农产品污染问题日趋严重，已成为当前我国农业和农村经济发展的障碍。工业生产产生的大量“三废”和城市生活垃圾等污染物不恰当的处置与排放，使重金属及多环芳烃等污染物在土壤中不断积累，产生污染并间接威胁着人类的健康与生存。污水灌溉，农药和化肥的滥用，也加重了土壤重金属以及多环芳烃的污染负荷。我国农业采用污水灌溉始于 1957 年，随着我国社会、经济的快速发展和水资源短缺的加剧，我国农田污水灌溉得到迅速发展，污灌面积迅速扩大。同时，由于我国污水处理存在的设施少、水平低、管理制度不到位等问题，导致我国用于灌溉的污水水质较差，甚至有大量未经任何处理或缺少必要预处理的污水进入农田，进而对人体的健康造成危害。因此，由污水灌溉造成的土壤污染越来越多地引起人们的关注。本书通过梳理国内外土壤-作物重金属和多环芳烃复合污染特征的研究进展及风险评价的相关内容，分析了典型污灌区农田土壤重金属和多环芳烃复合污染的分布特征、来源解析及迁移特征；并在此基础上建立了土壤质量综合评价的步骤及方法，构建了评估复合污染效应的混合线性模型；从不同角度对农田污染的生态风险和健康风险进行评估，以期为污灌农田的污染治理提供理论依据。

本书得到山西省重点研发项目“污灌区土壤-作物体系复合污染效应及其人体健康风险研究”（201803D221002-4），山西省青年科技研究基金项目“污染农田土壤质量综合评价指标体系研究”（2015021173）和山西省重点研发项目“汾河流域水环境问题诊断及水质目标保障技术研究”（201803D31211-1）的支持。本书在编写过程中，得到了作者工作所在院校晋中学院领导的关心和支持。化学工业出版社的编辑始终给予了极大的关心和帮助，并对全书的编写提出了许多宝贵的意见，在此表示衷心的感谢。

本书在编写过程中参考引用了一些相关的论文、专著和教材等资料，在此对原作者表示感谢。由于作者水平有限，书中不足之处在所难免，敬请读者批评指正。

赵颖

2023 年 9 月

目录

第1章 绪论

1.1 研究背景及意义

近年来，我国农田环境质量不断下降，农产品污染问题日趋严重，已成为当前我国农业和农村经济发展的障碍，并严重影响到农产品的出口和国际市场竞争力。农田土壤是农产品产地的主要构成，也是重金属、多环芳烃等污染物的主要载体，承载着50%～90%来自不同污染源的负荷。伴随着城市化进程的加快以及工农业生产的迅猛发展，在促进经济社会快速发展的同时，也给环境和人类带来了毁灭性的灾害。工业生产产生的大量“三废”和城市生活垃圾等污染物的不恰当的处置与排放、污水灌溉、农药和化肥的滥用，使重金属及多环芳烃等污染物在土壤中不断积累，产生污染并间接威胁着人类的健康与生存。为了从根本上解决农产品污染问题，必须从防止农田污染入手，研究分析农田污染的现状、起因及其对农产品的危害机制，探讨对策，为有效提高农产品质量，保障人民健康提供依据。

2009年中国食品安全高层论坛报告上的数据显示，我国1/6的耕地受到重金属污染，重金属污染土壤面积至少有2000万公顷。自然资源部表示，目前全国耕种土地面积的10%以上已受重金属污染，约有1.5亿亩，污水灌溉污染耕地3250万亩，固体废弃物堆存占地和毁田200万亩，其中多数集中在经济较发达地区。生态环境部的调查显示，因重金属造成的水源和土壤污染已对中国的生态环境、食品安全、百姓身体健康和农业可持续发展构成严重威胁。据环保部门估算，全国每年因重金属污染的粮食高达1200万吨，造成的直接经济损失超过200亿元。2011年4月初，我国首个“十二五”专项规划——《重金属污染综合防治“十二五”规划》获得国务院正式批复，防治规划力求控制土壤重金属污染。土壤重金属污染，一方面会导致土壤化学组分的改变，影响土壤微生物区系、生态物种和微生物代谢过程，进而影响土壤环境生态系统的结构与功能；另一方面，土壤重金属污染会通过土壤-作物系统迁移累积，影响农产品质量安全水平，且随粮食、蔬菜等的摄入，经过食物链，给人类和动物健康带来危害，造成重金属健康风险[1-2]。多环芳烃（PAHs）作为具有“三致”效应的有机污染物，主要来源于石油和煤的不完全燃烧，广泛地分布于土壤、水体及大气中，其对环境和人体的危害极大，已引起公众的广泛关注[3]。农业系统不仅是人类生存物质供给的重要部分，也是生态系统的重要组成部分。同时，植物是生态系统初级生产者，能从土壤、灌溉水、大气等环境中直接接触 PAHs，且可通过食物链将 PAHs 转移至高营养级生物[4]。农作物作为被人类直接摄取的植物，直接关系到人类生命安全。因此对农业系统中 PAHs 污染特征的研究十分必要。

我国农业采用污水灌溉始于 1957 年，随着我国社会、经济的快速发展和水资源短缺的加剧，我国农田污水灌溉得到迅速发展，污灌面积迅速扩大。同时，由于我国污水处理存在的设施少、水平低、管理制度不到位等问题，导致我国用于灌溉的污水水质较差，甚至有大量未经任何处理或缺少必要预处理的污水进入农田，进而对人体的健康造成危害。因此，由污水灌溉造成的土壤污染越来越多地引起人们的关注。据统计，华南地区部分城市有 50% 的农田遭受铬、砷、汞等有毒重金属和石油类污染，广州近郊因污水灌溉而污染农田 $2700hm^2$，因施用污染底泥造成 $1333hm^2$ 的土壤被污染，污染面积占郊区耕地面积的 46%；在东南一些地区，汞、砷、铜、锌等元素的超标土壤面积占污染总面积的 45.5%，上海农田耕层土壤 Hg、Cd 含量增加了 50%；天津近郊因污水灌溉导致 $2.3\times10^4hm^2$ 农田受污染；沈阳张士灌区污染土壤达 $2500hm^2$；西南、西北、华中等地区也存在较大面积的汞、砷等重金属污染土壤[5]。

山西省作为国家能源重化工基地，土壤污染问题较其他省区更为突出，主要是镉、砷等重金属类的污染。此外，山西是我国最大的焦炭生产基地，在炼焦和焦炉煤气净化及其他产品加工过程中，特别是炼焦过程中排放大量的废气，在煤气净化和焦油加工过程中也排放大量的苯系物及其他芳烃类物质，这些污染物会对周围的生态环境带来严重影响，特别是对农业生态环境造成严重污染。太原市位于山西省中部，是以煤炭、机械为主要产业的重工业化城市。太原市从 20 世纪 70 年代开始利用污水灌溉，太原市是一个水资源严重缺乏的地区，再加上污灌水资源丰富，污灌水源肥效性好以及进行污灌的成本较低，这些都为太原市污水灌溉的发展提供了便利条件。太原市现有污灌面积约40万亩，主要集中在太原市的北面（尖草坪区）、南面（小店区和晋源区）以及清徐县，其中南面区县的污灌面积最大[6]。污水灌溉对土壤的污染主要表现在污染物在灌溉区的残留累积方面。一旦人类长期赖以生存的土地受到污染之后，将不能提供安全健康的食物，这对居民的身体健康产生了巨大的风险。因此，及时跟踪国内外土壤污染研究的发展前沿，开展研究区土壤环境质量研究和人体健康风险评估工作，对保障山西省人类生存环境安全以及人体健康具有重要的意义。

1.2 研究目标

本研究以太原市小店、晋源、清徐污灌区作为研究区域，以土壤-作物体系为研究对象，分析重金属和PAHs的浓度水平、分布特征和复合污染效应；并通过源解析，揭示研究区域内重金属和PAHs的主要来源；探讨农田-作物体系中重金属和PAHs在农作物各个组织的迁移和富集规律，并比较物种差异的影响；评估农田土壤-作物体系中重金属和PAHs污染的生态及健康风险，为进一步的污染治理提供理论依据。

1.3 国内外研究现状

1.3.1 农田土壤-作物系统重金属和多环芳烃污染研究进展

目前国内外学者在污灌对土壤-农作物系统重金属分布与积累的研究主要集中在污灌区周围重金属积累状况与评价金属积累范围、污灌企业周围重金属及土壤农作物系统重金属积累量相关性等方面[7]，这些研究对于揭示工业污灌对土壤农作物系统重金属积累及迁移规律具有重要的促进作用。韩文辉等以太原小店污灌区土壤重金属为研究对象，用综合污染指数对农田土壤重金属污染进行评价，结果显示，污灌区中部分土壤中重金属可能存在不同程度的复合污染[8]。Wang等将内梅罗污染指数法用于评价湘江中下游农田土壤重金属污染程度，结果表明土壤中Cu、As、Cd、Pb、Ni和Zn元素均高于湖南省土壤元素背景值[9]。李飞等从不确定角度出发将三角模糊数理论引入环境评价领域，建立了基于不确定理论的地累积指数评价模型，以该综合评价模型评价了研究区土壤重金属污染状况[10]。由于不合理的人类活动，农作物基地土壤受到重金属的污染，蔬菜会对环境中的重金属进行一定程度的富集，蔬菜质量下降。为此，人们对蔬菜质量问题越来越重视。刘扬林采用单项污染指数和综合污染指数法对株洲市白马乡晚稻米中重金属含量进行污染评价，结果表明该区域土壤和作物均受到了不同程度的重金属污染，作物重金属达不到食品卫生标准要求，且主要重金属污染因子为Cd、Pb[11]。Rajesh Kumar Sharma对印度蔬菜重金属污染状况进行评价，结果显示Cd污染严重[12]。还有研究表明，北京市菜田土壤重金属环境质量指标总体安全，但40%以上样点中Cd元素存在"轻度"和"中度"污染[13]，等等。然而，重金属在土壤及农作物中的迁移与转化是个非常复杂的过程，目前的研究往往集中在南方水田区域老工业区，而对于北方半干旱地区新兴的工业基地企业污灌区对土壤农作物系统重金属积累及相互关系的研究报道尚少。

多环芳烃（polycyclic aromatic hydrocarbons，简称PAHs）主要来源于化石燃料的不完全燃烧，例如汽车尾气的排放、煤的燃烧，以及生物质的燃烧，且广泛分布于大气、土壤和水等环境介质中，对人类的暴露危害不可避免[14]。同时，PAHs的难降解性使PAHs在环境中一旦产生便会在环境中长期存在，且以气态形式存在的PAHs能远距离迁移；而吸附于颗粒物或大气飘尘上的PAHs只能迁移较短距离，大部分可降落于地面并随地表径流流入水体中，进而危害水体，部分PAHs也会蓄积在沉积物和悬浮颗粒物中[15-16]。进入土壤的PAHs被土壤颗粒吸附后，不易降解，可在土壤中存留数年，因而土壤成为了地表系统中PAHs的主要储存库之一[17]。生长在土壤中的植物，在进行光合作用和呼吸作用的同时也会和土壤、大气进行物质交换，在进行物质交换和能量转变的过程中不可避免地伴随着污染物的迁移[18-19]。在生态系统中，植物作为初级生产者，一旦受到污染，便会随着食物链的传递进入人体，危害人类的健康。对于PAHs的研究，在河流以及其沉积物中的研究相对较为广泛，国内外的多处河流沉积物及海口沉积物中PAHs均有检出，且含量差别较大。目前，国内对于农业系统中PAHs的污染研究相对较少，农业系统不仅是人类生存物质供给的重要部分，也是生态系统的重要组成部分。同时，植物是生态系统初级生产者，能从土壤、灌溉水、大气等环境中直接接触PAHs，且可通过食物链将PAHs转移至高营养级生物[20-21]。作为直接供给农作物营养的农田土壤，其PAHs污染状况直接影响到农作物，只有降低农业土壤中的PAHs含量，才能降低农作物的PAHs暴露风险，从而进一步降低人类的 PAHs 暴露风险。而国内外不同农田土壤中 PAHs 含量的研究表明，印度德里[22]、中国成都[23]等地土壤中均具有较高含量的 PAHs；日本、北京/天津[24]、瑞士[25]等地 PAHs 含量处于中等污染水平。植物中 PAHs 的污染，除了受植物所在地土壤中 PAHs 影响外，不同的植物品种、其他环境介质的污染情况（如水、大气等）和自然条件（气候、温度、降雨等）也可能影响植物体中 PAHs 的含量。农作物作为被人类直接摄取的植物，直接关系到人类生命安全。因此对农业系统中 PAHs 污染特征的研究十分必要。

1.3.2 农田土壤-农作物体系重金属和多环芳烃污染健康风险评价进展

土壤重金属对人体健康影响的评价研究分为两类，一类是土壤-人体，另一类是土壤-农作物-人体。第一类主要是通过口鼻吸入含有重金属的粉尘，直接摄入土壤颗粒以及皮肤接触土壤三种途径暴露于重金属，第二类是通过生物对土壤重金属的富集作用，以食物链的形式使人体暴露于重金属。暴露量的计算是以人体每日摄入量为标准，通过参考剂量以及致癌斜率因子等参数，计算非致癌风险以及致癌概率水平。近年来，我国在农作物重金属环境健康风险评价的应用研究已经取得较大进展。云南大型古老锡矿影响区蔬菜及对应土壤的采样调查及暴露风险分析评价结果显示，长期摄入该地区蔬菜重金属对人体的健康风险存在威胁，各类蔬菜重金属含量排序为：叶菜类＞根茎类＞果菜类，且食用蔬菜的 As 和 Pb 元素的暴露风险相对较高[26]。依照我国食品卫生标准，东莞市蔬菜砷含量超标较为严重，当地居民通过食用被砷污染的蔬菜而导致的健康风险较高，摄入过量蔬菜砷的健康风险值得当地居民和有关部门的关注[27]。

早期对 PAHs 暴露评价方法的研究局限于单一介质的暴露估算，如荷兰的 CSOIL 模型，英国的 CLEA 等间接暴露估算模型[28]。随着研究的进一步深入，多介质-多途径的暴露模型逐渐被提出，并得到广泛的应用[29]。暴露途径有多种，针对多环芳烃污染物所在介质的不同，选择不同的方法，土壤多环芳烃的暴露途径一般有四种，通过食物链对污染物的摄入，呼吸暴露，皮肤暴露，以及嘴对土壤颗粒物的摄入。根据世界卫生组织（WHO）对多环芳烃健康风险评价方的总结，目前多环芳烃健康风险评价中常用到的方法有相对效应法、毒性当量法、苯并［a］芘（BaP）浓度法。毒性当量法也即 BaP 当量法，BaP 是多环芳烃中强性致癌物之一，健康风险评价中，研究者一般以 BaP 作为其他物质的参考毒性，借助毒性当量因子 TEF 将多环芳烃的其他组分转化为等毒性效应的 BaP 浓度。根据动物实验外推至人体。该方法只能粗略地估计其健康风险水平。相对效应法是将污染物样品用于动物毒理学实验，并测定单位浓度污染物所引起的相对健康效应，根据暴露量计算污染物的健康风险评价，该方法需要测定所有污染物的组分浓度。BaP 浓度法是以 BaP 浓度作为衡量多环芳烃的总污染水平的指标，是根据一种假设：多环芳烃在污染物中的浓度及其组分所引起的风险与污染物中 BaP 的浓度成正比。只需要监测 BaP 的浓度，适用于大多数 PAHs[30]。

Tsaia 等研究指出，各个多环芳烃化合物相对于苯并［a］芘的毒性当量因子以日暴露量计算出炭黑生产工业工人暴露于多环芳烃的肺癌以及皮肤癌的风险均是不可接受的[31]。Liao 等利用概率风险评价法，计算去台湾寺庙中烧香的成人、儿童、青年的多环芳烃致癌风险水平，三类人群的呼吸暴露风险是可以接受的，但是皮肤接触暴露水平都高于 10^{-6}，说明暴露风险水平是不可接受的[32]。Isabel 等检测了加泰罗尼亚多种食材中多环芳烃的含量，评估不同年龄与不同性别的人群对多环芳烃的每日摄入量，计算出总多环芳烃以及苯并［a］芘的致癌贡献率各占一半[33]。值得注意的是，健康风险评价中暴露参数值选取的合适正确与否直接关系到评价结果的真实性、科学性和合理性。虽然目前我国在风险评价暴露参数方面还未研究一套标准或手册可供本国的研究参考，但国内已有若干学者开始了这方面的调查研究工作，并取得了初步成果，这将为我国环境风险评价研究工作提供有力的数据支撑和研究依据。

1.4 研究内容

本研究选择太原市小店区、晋源区、清徐县为研究区，以 As、Hg、Cd、Pb、Cr、Cu、Zn 和美国国家环境保护局优先控制的 16 种 PAHs 为研究对象，针对这三个污灌区的土壤-作物系统开展重金属和多环芳烃的污染分析和风险评估，在此基础上进一步探明土壤污染带来的人体健康风险状况。

主要研究内容如下。

（1）土壤-作物系统重金属和多环芳烃含量分布特征、复合污染效应及来源解析

采用反距离权重（inverse distance weighting，IDW）空间插值法对土壤重金属和多环芳烃的空间分布状况进行插值模拟；应用混合线性模型（mixed linear effect model）量化土壤中重金属和多环芳烃污染的交互效应，进一步明

确这几种污染物的复合污染效应；并在此基础上，采用多元统计分析技术，开展土壤-作物系统重金属和多环芳烃偏相关性和多元线性回归分析，并对土壤中这两类污染物的来源进行解析。

(2) 土壤-作物系统重金属和多环芳烃迁移特征研究

用富集系数来反映作物对重金属（或 PAHs）的富集能力。它在一定程度上反映了土壤-作物系统中元素迁移的难易程度，说明重金属（或 PAHs）在作物体内的富集情况。但由于作物的生物量不同，富集系数很难说明作物对重金属的提取或者迁移能力。用迁移系数反映土壤-作物系统中元素迁移的难易程度；用累积系数解析土壤-作物体系中污染物向可食用部位迁移的难易程度。

(3) 土壤-作物系统重金属和多环芳烃复合污染的生态风险评估

采用内梅罗污染指数和潜在生态风险指数的方法开展土壤-作物系统重金属污染状况评价，讨论不同评价方法下的土壤重金属污染状况；采用效应区间低中值法和苯并［a］芘毒性等效当量法来评估研究区表层土壤中 PAHs 潜在的生态风险，讨论不同评价方法下的土壤多环芳烃污染状况。

(4) 土壤-作物体系重金属和多环芳烃人体致癌风险和非致癌风险的健康风险评估

采用美国国家环境保护局（USEPA）推荐的暴露污染物非致癌风险模型和致癌风险模型对土壤-农作物的重金属和 PAHs 进行健康风险评价。

(5) 污灌区农田土壤安全利用及生态修复建议

结合研究成果，提出污染农田的安全利用及生态修复建议，以及重金属和多环芳烃复合污染的预警机制，为山西省污灌农田生态健康安全提供政策依据和技术支撑。

1.5 研究区概况

太原市位于山西省中部，主要河流为汾河，地势南低北高，以山地丘陵地形为主。太原市的污水灌溉主要集中在清徐、小店和晋源个县区。汾河灌区位于山西省中部太原盆地，分布在汾河两岸，北起太原市北郊上兰村、南至晋中地区介休市洪相村，长约 140km，东西宽约 20km，西以太（太原）汾（汾阳）公路和磁窑河为界，东以太（太原）三（三门峡）公路和南同蒲铁路为界。灌区跨太原、晋中、吕梁三市，12 个县（市、区）共 56 个受益乡（镇）的 488 个村，全灌区控制土地面积 205.55 万亩（1 亩＝667m^2），其中耕地面积156.84万亩。设计灌溉面积149.55万亩，受益面积约占全省水地面积的近十分之一，是山西省最大的自流灌区之一。灌区现有引水枢纽工程三处，汾河一、二、三坝，根据三个枢纽大坝的地理位置和作用，汾河灌区划分为三个相对独立的灌区，即一坝灌区、二坝灌区、三坝灌区。灌区面积分布在汾河两岸。汾河一坝是汾河干流进入太原盆地汾河灌区的第一座引水枢纽工程，担负着太原市30万亩农田灌溉和太原第一、二热电厂、太原钢铁公司及城市生态供水任务；汾河二坝位于清徐县长头村，汾东灌域，控制灌域面积31.545万亩；汾河三坝位于平遥县南良村，控制灌域面积34.935万亩。灌区供水水源主要来源于上游汾河水库放水及一、二、三坝区间来水和提取部分地下水。

小店区位于太原市南端，占地面积为273km^2，主要有六个乡镇。小店区境内用于灌溉的水渠主要有汾河一坝的东干渠、北张退水渠和太榆退水渠，其中东干渠分布于汾河东侧，流经大马、殷家堡、小马、嘉节等，渠内污水大部分源自上游汾河污水、沿途汇入的城镇生活污水，还有经过杨家堡污水处理厂处理过的一部分工业废水，沿渠设有防渗处理设施。北张退水渠为小店区内主要的灌溉水渠，流经西吴、城西、疙塔营、温家堡、流涧等，水源来自杨家堡污水处理厂。2002年以前，用于小店区农田灌溉的太原市的生活污水，几乎未经任何处理。2002年以后，小店区杨家堡污水处理厂开始运营，太原市区的生活污水经过处理后进入北张退水渠，用于农田灌溉。主要的灌溉水渠——北张退水渠的水为杨家堡污水处理厂处理后的水，水质已经达到二级标准。但由于沿途有企业排出的工业废水不经过任何处理就直接排入北张退水渠，给水质造成了一定影响。太榆退水渠流经西贾、梁家庄、侯家寨、刘家堡乡等，最后在梁家庄与北张退水渠汇合从长头村西南处汇入汾河。北张退水渠和太榆退水渠均未设防渗处理，不仅接纳了农业灌溉退水，而且也接纳了沿线的生活污水及部分未经处理的工农业废水（如禽畜养殖场、食品加工厂），两渠汇合于潇河后排入汾河。小店区的主要农作物为玉米、小麦和蔬菜。小店区的小麦每年春冬进行汾河水灌一次，玉米每年只进行一次春季灌溉，主要蔬菜产区一般用井水灌溉。

晋源区地处太原市西南，与小店区隔河相望。南北长23.3km，东西长20.3km，区域面积287km^2，约占太原市土地总面积的20.6%。晋源区内除汾河外，还有两条较大支流，分别是南峪沙河和风峪沙河，均为季节性河流。晋源区灌溉用水的主要渠系为西干渠，另外还有两条较大的退水渠，分别为工农退水渠和河西南部退水渠，属汾河一坝分局管理。西干渠灌溉用水主要是汾河水和驻地工矿企业废水，其次还有少量生活污水。据了解，废水中主要污染物质有汞、铬、硫化物等。晋源区内的玉米、高粱等作物仅用污水灌溉，而蔬菜、果树及少量水稻等一般用井水灌溉。使用污水灌溉后会直接影响农作物生长，导致农作物减产较严重，而且只有玉米及高粱可以灌溉污水。

清徐县位于太原市南端，晋中盆地的西北边缘，属太原市管辖。全县总灌溉面积为 38.56 万亩。清徐县境内用于灌溉的水渠主要有汾河二坝的东干渠和西干渠，其中西干渠又分出西一、西二和西三共三个支渠，东干渠分出东一支渠。清徐县是太原市城市污水的最大接纳县之一。汾河中主要的污水来源大部分来自上游汾河污水、少量的县城生活污水和工业废水。当地每年春冬进行汾河水灌一次，年平均引用汾河污水量为 $2.45\times10^7\,m^3$。所引用的水量集中于汾东、汾西和敦化灌区，其中敦化灌区的引用量最大。清徐县汾河灌区主要种植玉米和高粱等经济作物；井灌区主要为原先的潇河灌区，主要种植蔬菜等作物[34]。

第2章 土壤-作物体系重金属和多环芳烃含量分布特征、复合污染效应及来源解析

重金属作为构成地壳的主要微量元素，在人类地球不断演化的过程中，经岩石风化、火山喷发、大气降尘、水流冲刷等自然过程在自然环境中迁移循环，并累积于自然环境中。成土母岩、成土过程等空间特征的分布使重金属土壤环境背景值也存在较为明显的空间分异特征。当人类活动排放的重金属物质进入土壤，经过物质循环和能量交换后，重金属将长期累积在土壤中且不可降解，其含量分布及空间分布亦存在较为显著特征。多环芳烃作为有机污染物的一类，是较早被发现的致癌物质，被列为环境中优先控制的污染物。鉴于此，本研究将对土壤-作物系统重金属和多环芳烃含量分布及来源进行分析，以期为进一步研究该地区重金属和多环芳烃污染状况提供参考信息。

2.1 材料与方法

2.1.1 布点采样及测定方法

2.1.1.1 布点采样方法

本研究于 2019 年 6 月采集污灌区耕层土壤，采用网格布点法布设，用 GPS 定位系统定位，同时考虑灌渠分布及流向、污水水质、土壤类型、污灌历史等因素，共计设 110 个采样点，各区采样点数量分布数量为：小店区 35

个采样点、晋源区35个采样点、清徐县40个采样点。

每个采样点分别采集5个0～10cm表层土混合样，然后用四分法组成一个土壤样品。所有土壤样品带回实验室，在通风避光的室内自然风干，将风干的样品粗研磨，去除碎石、杂物、作物的根茎等，用四分法分割压碎样品过孔径为0.838mm（20目）的尼龙筛，过筛之后将其充分混匀. 然后对样品进行细研磨，通过孔径为0.149mm（100目）的尼龙筛，充分混合均匀后，分装于牛皮纸袋内，供分析测试使用。

考虑太原市污灌区重金属和多环芳烃污染情况、种植习惯及作物对重金属和多环芳烃不同的富集作用后，小店区选择玉米和4种典型蔬菜（土豆、生菜、番茄、黄瓜）和1种谷物（玉米）为研究对象与该区域土壤样品同步采集35个，各采样点对应的农作物类型见表2-1；晋源区和清徐县选择玉米为研究对象，分别采集19个和26个样品。采集新鲜的成熟蔬菜、作物，封入塑料袋中，保存待用。自来水清洗后开始制样，作物去杂物后，用蒸馏水洗净，烘干，用玛瑙球磨机磨碎，用30目筛筛出，储存在塑料瓶中，保存备用。

表2-1 小店污灌区污染情况调查各采样点所种植的作物

点位	农作物	点位	农作物	点位	农作物	点位	农作物	点位	农作物
1	土豆	2	土豆	3	玉米	4	玉米	5	玉米
6	番茄	7	番茄	8	玉米	9	玉米	10	玉米
11	玉米	12	玉米	13	玉米	14	生菜	15	黄瓜
16	土豆	17	土豆	18	玉米	19	生菜	20	生菜
21	番茄	22	土豆	23	土豆	24	玉米	25	番茄
26	番茄	27	番茄	28	玉米	29	黄瓜	30	黄瓜
31	生菜	32	黄瓜	33	生菜	34	黄瓜	35	黄瓜

2.1.1.2 土壤和植物样品重金属的测定方法

（1）标样 土壤标准物质购于中国地质科学院地球物理地球化学勘察研究所，其编号为GBW07428（GSS-14）。

（2）分析流程

① 前处理方法 土壤样品采用$HCl-HNO_3-HF-HClO_4$对制备待测的样品进行前处理，准确称取0.25g风干土样于聚四氟乙烯坩埚中，用几滴水润湿后，加入10mL HF（破坏土壤晶格）消煮至黑褐色，加入5mL $HClO_4$（氧化钝化），并加热至黑烟冒尽使之变成黄色含珠状，即黏稠不流动，加入5mL

HNO_3，继续消煮至接近无色，取下稍冷却，加水全部溶解，冲洗内壁，温热溶解残渣，在50mL容量瓶中过滤、定容。作物样品前处理方法为经自来水冲洗干净后用去离子水洗涤3遍，在105℃杀青30min，70℃下烘至恒重，烘干样品用不锈钢研磨机研磨，过100目尼龙筛，分装备用。准确称取0.2500～0.5000g（精确至0.0001g）样品，采用HNO_3-$HClO_4$进行前处理。

② 测定方法　消煮液中Cd、Pb含量用石墨炉-原子吸收光谱法测定；Cr、Cu、Zn含量用火焰-原子吸收光谱法测定；As和Hg的含量用原子荧光法测定。分析过程所用试剂均为优级纯。所有测定均由空白样和加标回收样进行质量控制，各种重金属的回收率均在国家标准参比物质的允许范围内。

2.1.1.3 土壤和植物样品多环芳烃的测定方法

（1）标样　PAHs混合标样中的16种同系物购于美国Supelco公司，混合标样组成详见表2-2所示。将高浓度的标准溶液稀释制备成六个浓度水平的标准系列（5μg/L、50μg/L、250μg/L、1000μg/L、3000μg/L、6000μg/L），由测得的数据绘出每种PAHs同系物的标准曲线。由配制的标准物质做成的工作曲线的线性相关性须达到0.999。4种代表标样分别为：naphthalene-D8（萘-D8）、fluorene-D10（芴-D10）、pyrene-D10（芘-D10）和perylene-D12（苝-D12）。

表2-2　PAHs标样成分

英文名称	中文名称	英文名称	中文名称
naphthalene(NaP)	萘	benz[a]anthracene(BaA)	苯并[a]蒽
acenaphthylene(Acy)	苊	chrysene(Chr)	䓛
acenaphthene(Ace)	二氢苊	benzo[b]fluoranthene(BbF)	苯并[b]荧蒽
fluorene(Flu)	芴	benzo[k]fluoranthene(BkF)	苯并[k]荧蒽
phenanthrene(Phe)	菲	benzo[a]pyrene(BaP)	苯并[a]芘
anthracene(Ant)	蒽	indeno[1,2,3-cd]pyrene(InP)	茚并[1,2,3]芘
fluoranthene(Flt)	荧蒽	dibenz[a,h]anthracene(BA)	二苯并[a,h]蒽
pyrene(Pyr)	芘	benzo[g,h,i]perylene(BP)	苯并[g,h,i]苝

（2）分析流程

① 提取　采用快速溶剂萃取仪（ASE350）对样品中多环芳烃进行提取。将5g土样或植物样品与7g硫酸钠在研钵中研磨均匀，然后在34mL ASE萃取池中从下往上依次装入玻璃纤维滤膜、5g中性氧化铝、混匀的样品。填装

好后进行 ASE350 萃取。萃取溶剂为丙酮：二氯甲烷＝1：1，萃取温度 100℃，静态萃取时间 5min，萃取次数 2 次，压力 1500psi（1psi＝6894.76Pa），100%的溶剂冲洗，70s 吹脱，氮气吹扫收集，用收集瓶接收。

② 净化　ASE 提取液通过 0.22μm 有机系滤膜后旋转蒸发浓缩到 1～2mL，用二氯甲烷定容至 10mL，转移到 GPC 进样瓶中，进 GPC 系统，进样量为 5mL，收集 900～1800s 洗脱液，设置流出洗脱液浓缩为 2mL，分两个 1.5mL 接收瓶分别收集 1mL。浓缩液供柱净化使用。

③ GPC 条件　凝胶柱 500mm×25mm，柱填料为 200～400 目 Bio BeadS-X3，流动相为二氯甲烷，柱流速 5mL/min，样品定量环为 5ml。经 GPC 净化浓缩的 1mL 样品进行硅胶小柱净化。小柱首先用 10mL 正己烷洗脱，然后将浓缩液通过硅胶柱，用 20mL 正己烷/二氯甲烷的混合液（*V*/*V* 为 7：3）淋洗，收集于鸡心瓶内，氮吹浓缩至 1mL，转到进样瓶中，待 GCMS 分析。另外 1mL 经 GPC 净化浓缩的样品过弗罗里硅土商品小柱净化，小柱首先用 10mL 正己烷洗脱，然后将样品通过弗罗里硅土柱，并用 10mL 的正己烷进行淋洗，使洗脱液成滴滴入鸡心瓶内，氮吹浓缩至 1mL，转到进样瓶中，待分析。

④ 分析　采用岛津 GCMS-QP2010 气相色谱-质谱联用仪对 PAHs 各组分进行定性与定量分析。色谱柱为 DB-5MS 毛细柱（30m×0.25mm×0.25μm）；载气为高纯氦气；流速 1.2mL/min；进样口温度 290℃；气相色谱与质谱接口温度为 300℃。柱温升温程序为：初始柱温为 80℃，保持 2min，以 15℃/min 升温到 250℃，然后以 5℃/min 升温到 290℃，保持 10min；进样量 1μL。

2.1.1.4　土壤物理化学指标的测定方法

化学指标的测定：有机质（SOM）含量测定采用重铬酸钾容量法；全氮（TN）测定采用半微量开氏法；全钾（TK）测定采用氢氧化钠熔融-火焰光度法；全磷（TP）测定采用氢氧化钠熔融-钼蓝比色法；碱解氮（AvN）、速效钾（AvK）、有效磷（AvP）的测定分别采用改进的凯式定氮仪蒸馏法（王晓岚等，2010）、醋酸铵浸提-火焰光度法和碳酸氢钠浸提-钼蓝比色法（中华人民共和国林业局，1999）。

物理指标的测定：阳离子交换量（CEC）的测定采用乙酸钠浸提-火焰光度法；电导率（EC）采用电极法测定（环境保护部，2016）；pH 值用 1：2.5 土水比的悬浊液法测定（中国农业科学院农业质量标准与检测技术研究所等，2007）。

2.1.2 数据分析及处理方法

2.1.2.1 多环芳烃来源解析

本研究采用异构体比值法和主成分分析/多元线性回归法对研究区域土壤中 PAHs 的来源进行分析。

(1) 异构体比值法　比值法中的比值指的是同分异构体比率，又称为分子比率（mofecular ratios），是一种常用的 PAHs 污染源诊断的方法，它对各种环境介质（水、沉积物、土壤和空气等）中 PAHs 来源诊断都适用。用的同分异构体比率有 Ant/Phe、Flu/Pyr、Ba A/Chr、Ba P/Be P、In P/BP 等，或是 Ant/(Ant＋Phe)、Flu/(Flu＋Pyr)、Ba A/(Ba A＋Chr)、Ba P/(Ba P＋Be P)、In P/(In P＋BP) 等。

(2) 主成分分析/多元线性回归法（PCA/MLR）　主成分分析（PCA）是一种通过减少变量个数分析多变量间的结构相关性的多元统计分析方法。PCA 通过线性变换，把给定的一组相关变量转变成另一组不相关的变量，而变量的总方差保持不变。这些新的变量按方差依次递减的顺序排列，形成主成分。被提取出来的前几个主成分通常可以反映出受体中主要的 PAHs 污染源。通过因子（主成分）在各 PAHs 组分（变量）上的载荷大小可以推断出该因子所反映的多环芳烃化学污染源。多元线性回归的目的是确定不同污染源对某样品中的百分数贡献率。以标准化主成分得分变量为自变量，标准化的 26 种 PAHs 总量为因变量，进行多元线性回归分析。采用逐步回归的方法，设定进入变量的显著水平为 0.05，从方程中剔除变量的显著水平为 0.10，由此获得方程的标准化回归系数可反映各主因子的相对贡献率。

此外，采用 R 语言（R 3.2.3 版本）“ade4”包 dudi. pca () 函数进一步分析 PCA，PCA 排序图由“ggord”包 ggord () 函数完成（博卡德，2014）。

2.1.2.2 土壤-作物系统重金属和多环芳烃含量分布特征分析

土壤-作物系统重金属和多环芳烃含量分布特征分析，采用反距离权重（inverse distance weighting，IDW）空间插值法对土壤重金属和多环芳烃的空间分布状况进行插值模拟。该方法是基于 Tobler 定理提出的一种空间确定性插值方法，其原理是通过计算未测量点附近各个点的测量值的加权平均来进行插值，根据空间自相关性原理，在空间上越靠近的事物或现象越相似，则其在最近点处取得的权值最大。地理信息系统（GIS）是一种采集、存储、管理、分析与应用地理信息，集数字制图、数据库管理及空间信息分析为一体的计算机系统。将地统计学方法与GIS相结合，从而把地统计学方法融合为GIS的空间分析方法。

2.1.2.3 土壤-作物系统重金属和多环芳烃相关性分析

采用多元统计分析技术，开展土壤-作物系统重金属和多环芳烃相关性多元线性回归分析，并对土壤中这两类污染物的来源进行解析。

调用SPSS/PC统计分析软件实用技术中的程序块。SPSS（statistics package for social science，社会科学用统计软件包）是一个组合式软件包。它集数据整理、分析过程、结果输出等功能于一身，在我国的社会科学和自然科学的各个领域发挥了巨大的作用。

实验数据的其他统计、相关性分析、绘图等采用Excel 2010，Origin 9.1进行。

2.2 土壤和农作物中重金属和多环芳烃含量分析

2.2.1 土壤中重金属和多环芳烃含量分析

太原市污灌区不同区域土壤中重金属含量分布差别较大，由监测分析结果可知（表2-3），As、Hg、Cd、Cr、Pb、Cu、Zn的含量范围分别是0.06～26.74mg/kg、0.001～0.84mg/kg、0.03～0.69mg/kg、44.32～100.09mg/kg、9.85～42.19mg/kg、13.38～53.72mg/kg、42.77～145.47mg/kg。总体上，7种重金属含量均值大小依次为：Zn＞Cr＞Cu＞Pb＞As＞Cd＞Hg。但从不同研究区域看，三个区域重金属含量差异不大，其总量呈现小店区＞晋源区＞清徐县的趋势，其中小店区Cd含量显著高于晋源区和清徐县；晋源区Hg和Pb含量显著高于小店区和清徐县；晋源区和小店区的PAHs总量显著高于清徐县。As、Cr、Cu、Zn的含量在小店区、晋源区和清徐县之间高低顺序各不相同，但是差异不显著。此外，研究结果显示，小店区南部As、中北部Cd、东南部Cu、中北部Zn含量相对于晋源区和清徐县较高，晋源区中部Hg、北部Cu含量相对于小店区和清徐县较高，清徐县Cr含量相对于小店区和晋源区较高。变异系数反映了总体样本中各采样点的平均变异程度[35]，其数值越大，土壤差异越大，反之土壤差异就小。太原污灌区 Hg 的变异系数最大，达到 129.85％，Cr 的变异系数最小，为 20.58％，平均变异系数由大到小的顺序为：Hg＞Cd＞As＞Pb＞Cu＞Zn＞Cr。从土壤中重金属的变异系数来看，除了 Hg 变异系数较高外，其他都比较小，表明样点重金属指数值的平均变异程度均较小。

表 2-3　太原市污灌区表层土壤中重金属含量特征

区域		As	Hg	Cd	Cr	Pb	Cu	Zn	PAHs
小店区	最大值/(mg/kg)	26.74	0.34	0.69	100.09	42.19	50.84	144.13	11.50
	最小值/(mg/kg)	7.80	0.02	0.11	44.32	9.85	18.36	55.00	1.14
	均值/(mg/kg)	12.33[a]	0.07[b]	0.27[a]	59.15[a]	21.52[b]	30.03[a]	97.18[a]	4.83[a]
	变异系数	27.90％	77.16％	51.22％	22.65％	39.25％	23.21％	24.87％	52.42％
晋源区	最大值/(mg/kg)	14.63	0.84	0.30	92.12	39.82	41.68	145.47	13.51
	最小值/(mg/kg)	0.06	0.001	0.10	48.11	15.60	15.00	56.35	0.40
	均值/(mg/kg)	9.22[a]	0.16[a]	0.19[b]	67.91[a]	28.42[a]	27.87[a]	81.77[a]	4.11[a]
	变异系数	33.97％	127.3％	31.71％	18.96％	23.63％	27.90％	21.34％	73.30％
清徐县	最大值/(mg/kg)	18.18	0.34	0.54	96.68	42.02	53.72	124.74	6.52
	最小值/(mg/kg)	7.04	0.02	0.03	47.96	15.94	13.38	42.77	0.21
	均值/(mg/kg)	10.64[a]	0.07[b]	0.18[b]	75.20[a]	22.99[b]	27.49[a]	77.54[a]	0.97[b]
	变异系数	26.00％	99.46％	44.95％	14.53％	22.39％	29.35％	18.68％	101.02％

注：小写字母不同表示在 95％置信度下有显著差异，小写字母相同的表示在 95％置信度下没有显著差异。

土壤多环芳烃监测结果显示，美国国家环境保护局优先控制的 16 种 PAHs 在太原污灌区不同区域土壤中均有检出，PAHs 的含量范围是 0.21～13.51mg/kg。不同采样点土壤中 PAHs 的构成不同，不同环数的 PAHs 含量差异也比较大。晋源区中部和小店区东南部大多数采样点 PAHs 总量较高，清徐县较低。小店区灌溉水来自北张退水渠，西南部灌溉水来自太榆退水渠，而渠内污水用水主要来自太原市区的生活污水，还有部分未经处理的工业废水，且均未做防渗处理。晋源区主要分布有多家化工厂、太原市第一热电厂、造纸厂、医药园区等企业。近年来，由于国民经济的大力发展，沿途一些企业每年向邻近退水渠排放一定数量的工业废水，使污水的成分变得更加复杂。因此，土壤 PAHs 的含量及分布特征与灌溉水质及灌溉历史有很大的关系。

以相关元素背景值为评价标准，它是土壤环境质量评价的最基本的依据之一，也是判别土壤污染程度与否的重要标准之一[36]。通过与太原市土壤重金属背景值[37]比较（表 2-4），土壤 As、Hg、Cd、Cr、Pb、Cu、Zn 的含量均显著高于背景值（$P<0.05$）。其中，土壤 Hg 含量与背景值的差别最为明显，其平均值为背景值的 3.3 倍，最高达到背景值的 60 倍左右；土壤 Cr 含量与背景值的差别最小，其平均值为背景值的 1.2 倍。其他五种重金属的平均值含量是背景值的 1.4～2.6 倍。可见，由于工农业发展和城市化加快，常年使用污水灌溉，太原市污灌区土壤已表现出不同程度的重金属累积现象。

表 2-4　太原市土壤重金属背景值和农用地土壤污染风险筛选值比较

单位：mg/kg

元素	As	Hg	Cd	Cr	Pb	Cu	Zn
平均值	10.73	0.10	0.21	67.77	24.25	28.42	85.31
太原背景值	7.60	0.03	0.08	57.30	13.80	18.40	56.30
农用地土壤污染风险管控标准	25	3.4	0.6	250	170	100	300

以《土壤环境质量　农用地土壤污染风险管控标准（试行）》（GB 15618—2018）[38] 为评价标准，七种重金属元素含量均值未超过该标准的风险筛选值，然而，小店区 As、Cd 2 种元素分别有 1 个、2 个点位超过风险筛选值；多环芳烃中苯并［a］芘含量均值未超过该标准的风险筛选值，但小店区和晋源区共有 3 个点位超过该值，因此，农田 As、Cd 和苯并［a］芘污染应该引起关注。

相比于中国其他地区的农田土壤重金属和多环芳烃含量（表 2-5、表 2-6），太原农田土壤的重金属含量高于北京、甘肃等地区，低于广州、昆山、无锡、扬州、成都，而与浙江省含量相当；太原研究区所有点位农田土壤中 PAHs 平均含量高于珠江三角洲农田、长江三角洲农村和郊区、南昌市周边农田、北京郊区、东莞市农业区、南京农业区、山东省和江苏省农田土壤，稍高于沈阳污灌区，低于沈抚石油类污灌区，处于中等偏高的污染水平。由此可见，太原地区农田土壤重金属和多环芳烃污染已成为亟需关注的环境问题。农田土壤中重金属和多环芳烃的来源除受成土母质的影响外，主要受化肥农药施用、大气沉降和污水灌溉等人类活动的影响。造成研究区土壤重金属和多环芳烃污染，尤其是As、Cd和多环芳烃污染的主要原因是工业排放废水灌溉土壤，对土壤造成了不同程度的污染。如小店区有太原橡胶厂、太原线织印染厂、山西针织厂和山西毛纺厂；晋源区主要分布有多家化工厂、太原市第一热电厂、造纸厂、医药园区等企业。因此需严格控制该灌溉区域内污水中的重金属和多环芳烃含量，以免对土壤进一步污染。

表 2-5　研究区土壤重金属含量与中国其他地区农田土壤重金属含量对比

单位：mg/kg

研究区域	土地利用类型	As	Hg	Cd	Cr	Pb	Cu	Zn	参考文献
广州	农田土壤	6.4	0.94	0.37	—	97.13	51.95	176.68	[39]
浙江省	农田土壤	8.47	0.13	0.2	67.29	33.14	27.88	87.66	[40]
昆山	农田土壤	8.15	0.2	0.2	87.73	30.48	34.27	105.93	[41]
太行山	农田土壤	6.16	0.08	0.15	57.77	18.8	21.22	69.96	[42]
无锡	农田土壤	14.3	0.16	0.143	58.6	46.7	40.4	112.9	[43]
扬州	农田土壤	10.2	0.2	0.3	77.2	35.7	33.9	98.1	[44]
成都	农田土壤	11.27	0.31	0.36	59.5	77.27	42.52	227	[45]
北京	农田土壤	—	—	0.18	75.74	18.48	28.05	81.1	[46]
甘肃省	农田土壤	11.17	0.15	—	38.82	21.44	27.2	—	[47]
顺德	农田土壤	21.6	0.45	—	—	48.3	44.2	—	[48]
太原	农田土壤	10.73	0.22	0.23	67.42	25.13	28.46	85.50	本研究

表 2-6　相关研究区域农田土壤中 PAHs 残留的对比分析　单位：ng/g

研究区域	土地利用类型	PAHs 种类	平均值	参考文献
珠江三角洲农田	农田土壤	—	244	[49]
长江三角洲农村和郊区	农田土壤	—	397	[50]
南昌市周边农田	农田土壤	15	384.7	[51]
北京市郊	农田土壤	16	460.75	[52]
东莞市农业区	农田土壤	16	413	[53]
沈阳污灌区	农田土壤	—	2133	[54]
南京农业区	农田土壤	15	682	[55]
沈抚石油类污灌区	农田土壤	—	4950	[56]
山东省	农田土壤	16	556.3	[57]
苏州	农田土壤	15	312.6	[58]
太原	农田土壤	16	3197.79	本研究

2.2.2 农作物中重金属和多环芳烃含量分析

不同种类作物中，重金属和多环芳烃含量不同（图 2-1）。小店区本次采集的主要蔬菜中 As、Hg、Cd、Cr、Pb、Cu、Zn 含量范围分别为 0.09～0.16、0.002～0.004、0.01～0.12、0.11～0.27、0.06～0.17、0.28～1.71、1.53～6.54mg/kg。蔬菜类总体上 As 含量为土豆＞黄瓜＞生菜＞番茄，Hg 含量表现为土豆＝生菜＞黄瓜＞番茄，Cd 含量为生菜＞黄瓜＞土豆＞番茄，Cr 含量为生菜＞土豆＞黄瓜＞番茄，Pb 含量为生菜＞黄瓜＞番茄＞土豆，Cu 含量为生菜＞番茄＞黄瓜＞土豆，Zn 含量为生菜＞土豆＞番茄＞黄瓜。此外，不同类型蔬菜中的多环芳烃总量由高到低整体上表现为：生菜＞黄瓜＞番茄＞土豆。

小店区、晋源区和清徐县的玉米各器官重金属和多环芳烃的含量平均值见图 2-2。结果表明，Cd、Hg、As、Pb、Cr、Cu、PAHs 的含量均是根＞茎叶＞籽粒，Zn 的含量排序则是籽粒＞茎叶＞根；玉米根的重金属含量高低顺序为 Zn＞Cu＞Cr＞As＞Pb＞Cd＞Hg，玉米茎叶的重金属含量高低顺序为 Zn＞Cu＞Cr＞Pb＞As＞Cd＞Hg，玉米籽粒的重金属含量高低顺序为 Zn＞Cu＞Cr＞Pb＞Cd＞Hg＞As。总体上，玉米中重金属和多环芳烃主要分布在根与茎叶中。从理论上和大量室内观察结果表明，植物从土壤溶液中吸收重金属，其大部分累积在根部和茎部靠近地面一端，而依靠蒸腾作用向上输送的量一般很少。研究区玉米重金属和多环芳烃不少分布在叶和茎中的事实，表明玉米中相当一部分重金属可能来自大气干湿沉降。尤其是汞元素，由于其易挥发性，土壤中大量汞通过蒸腾作用扩散到大气里，又通过植物的光合与吸收作用吸收了大量的汞元素进入叶中。

采用 GB 2762—2022《食品安全国家标准 食品中污染物限量》（表 2-7）[59]，对研究区域内的蔬菜重金属含量进行评价。从表 2-7 可知，研究区土壤上所采集的作物样本中，除土豆中的 Cd 以外，其余蔬菜中重金属含量均未超过规定的限值标准。蔬菜中不同重金属的含量差异大，其含量高低排序为 Cr＞As＞Pb＞Cd＞Hg，这是由于作物对不同类别重金属的吸附物特性有关。As、Cr 和 Pb 在 4 种蔬菜中的含量均接近，说明 As、Cr 和 Pb 在这些作物中的吸附能力相近，而 Hg 在所有作物中的含量均较低，且远低于其他几种重金属的含量，说明这些作物在对 5 种重金属的吸附能力中对 Hg 的吸收富集能力最弱。Cd

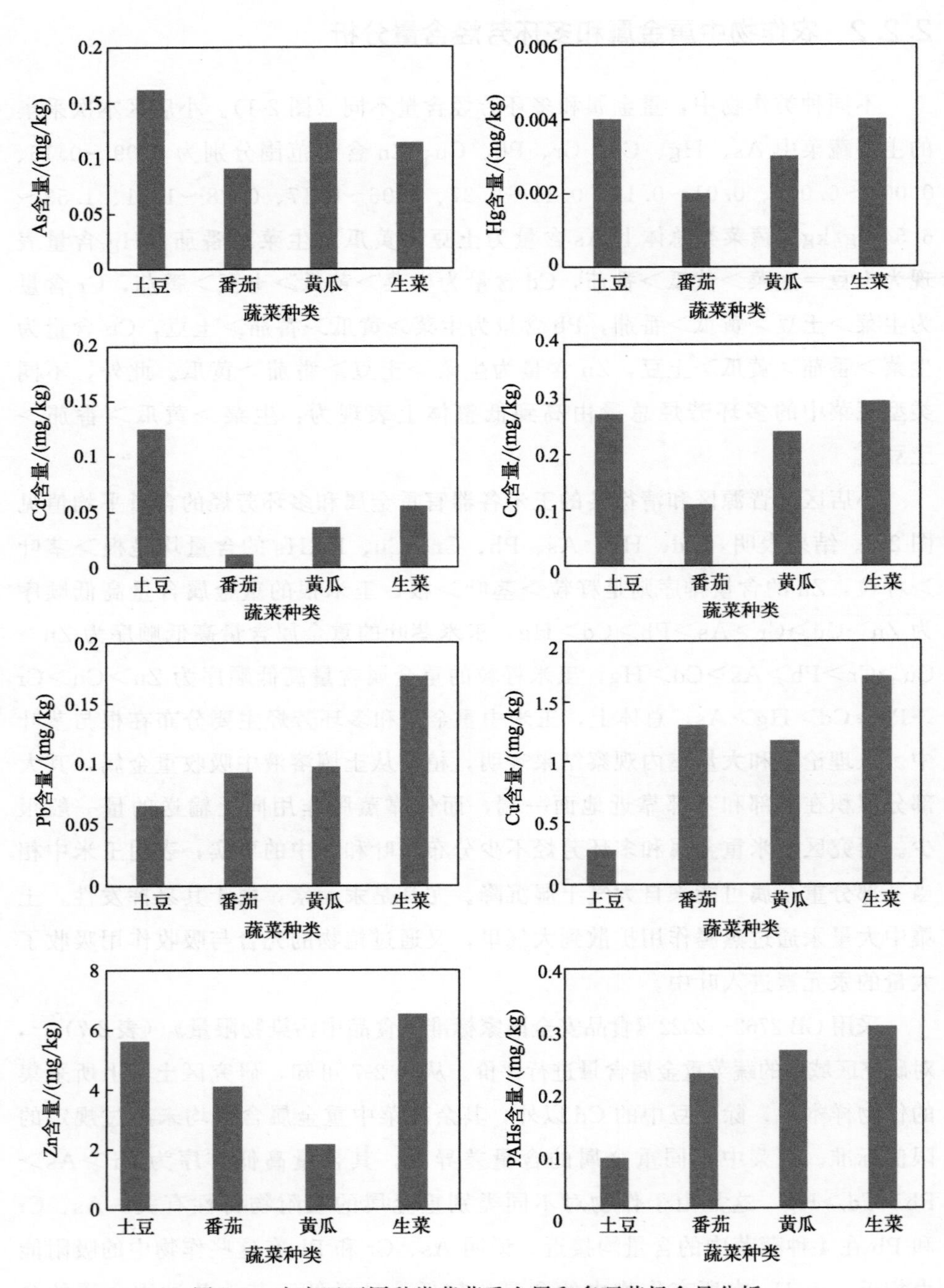

图 2-1　小店区不同种类蔬菜重金属和多环芳烃含量分析

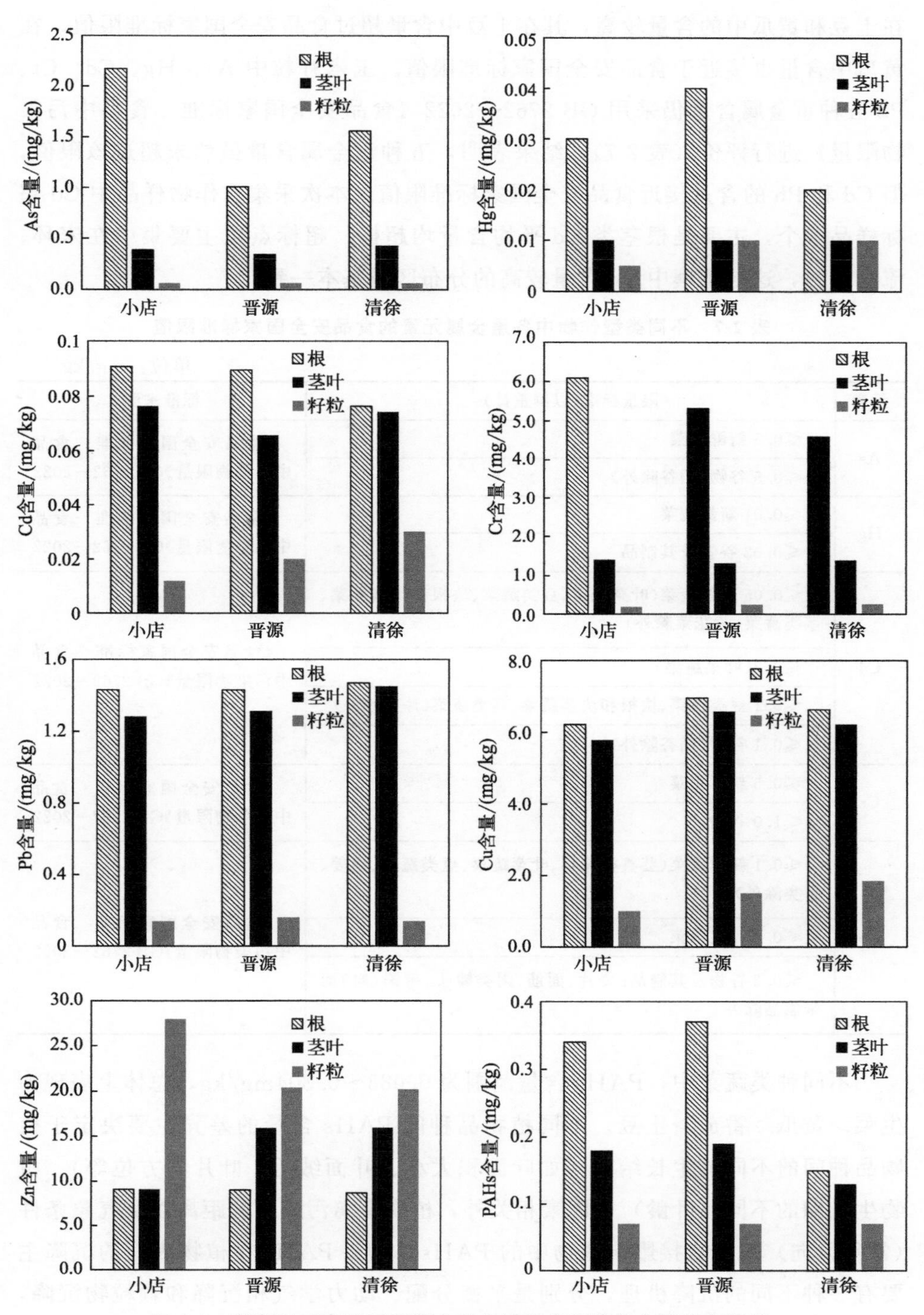

图 2-2　研究区玉米不同器官中重金属和多环芳烃含量分布特征

在土豆和黄瓜中的含量较高，其在土豆中含量超过食品安全国家标准限值，在黄瓜中含量也接近于食品安全国家标准限值。玉米籽粒中As、Hg、Cd、Cr、Pb五种重金属含量仍采用GB 2762—2022《食品安全国家标准　食品中污染物限量》进行评价（表2-7），结果表明，五种重金属含量虽然未超过该限值，但Cd和Pb的含量接近食品安全国家标准限值。本次采集农作物样品中Cd超标样品3个，主要是根茎类Cd平均含量均超标，超标点位主要集中在宋环、流涧等村，这与土壤中Cd含量较高的分布区域基本一致。

表2-7　不同类型作物中各重金属元素的食品安全国家标准限值

单位：mg/kg

元素	限量标准(以鲜重计)	标准来源
As	≤0.5 新鲜蔬菜	《食品安全国家标准　食品中污染物限量》GB 2762—2022
	≤0.5 谷物(稻谷除外)	
Hg	≤0.01 新鲜蔬菜	《食品安全国家标准　食品中污染物限量》GB 2762—2022
	≤0.02 谷物及其制品	
Cd	≤0.05 新鲜蔬菜(叶菜蔬菜、豆类蔬菜、块根和块茎蔬菜、茎类蔬菜、黄花菜除外)	《食品安全国家标准　食品中污染物限量》GB 2762—2022
	≤0.2(叶菜蔬菜)	
	≤0.1 豆类蔬菜、块根和块茎蔬菜、茎类蔬菜(芹菜除外)	
	≤0.1 谷物(稻谷除外)	
Cr	≤0.5 新鲜蔬菜	《食品安全国家标准　食品中污染物限量》GB 2762—2022
	≤1.0 谷物	
Pb	≤0.1 新鲜蔬菜(芸薹类蔬菜、叶菜蔬菜、豆类蔬菜、生姜、薯类除外)	《食品安全国家标准　食品中污染物限量》GB 2762—2022
	≤0.3 叶菜蔬菜	
	≤0.2 谷物及其制品[麦片、面筋、粥类罐头、带馅(料)面米制品除外]	

不同种类蔬菜中，PAHs含量范围为0.083～0.304mg/kg，总体上表现为生菜＞黄瓜＞番茄＞土豆。不同植物品种间PAHs含量的差异主要决定于植物品种间的不同的生长结构（如叶面积大小、叶面绒毛、叶片的方位等）、植物生长期的不同（叶龄）等因素相关外，植物距离污染源的距离以及气象条件（常年风向）也会直接影响植物中的PAHs浓度。PAHs在植物表面的沉降主要有3种不同的沉降机理，分别是平衡分配、动力学气相沉降和颗粒物沉降，而这3种沉降机理又与植物自身的结构特征密切相关[60-62]。本研究中，生菜

PAHs含量最高，其平均含量分别为黄瓜、番茄、土豆和玉米的1.15倍、1.35倍、3.16倍和1.51倍。原因可能是由于叶类蔬菜与其他类型作物相比，往往具有较大的叶面积，，有利于大气中PAHs在其表面沉降；而瓜菜类和茄果类农产品表面光滑，即使有少量的PAHs停留于表面也很容易被雨水冲刷掉。由此可推断，作物中的PAHs主要来源于大气污染物的干湿沉降，而不是通过根系吸收或别的途径。植物体内PAHs背景值一般为0.01～0.02mg/kg，本研究中研究区农产品PAHs含量范围为0.083～0.304mg/kg，由此可见，该区域在一定程度上已经受到城市化和工业化的影响。

2.3　土壤和农作物中重金属和多环芳烃来源解析

2.3.1　土壤-作物体系中重金属来源解析

由于地球化学条件的相似性，以及造成土壤污染的污染源中金属元素共存于土壤中，导致重金属元素在总量上存在相关性。元素间相关性显著和极显著，说明元素间一般具有同源关系或是复合污染[36]。为了解各污染指标之间的相关性，对各土样污染指标元素两两之间进行相关分析。分析结果表明(表2-8)，Pb、Zn、Cu、Cd之间呈显著相关，说明太原市污灌区土壤中这4种元素可能具有相似的来源，Hg与其他元素间相关性较少。

表2-8　太原市污灌区土壤重金属和多环芳烃含量的Pearson相关系数

	As	Hg	Cd	Cr	Pb	Cu	Zn	PAHs
As	1	−0.030	−0.106	−0.202*	−0.283*	0.059	0.013	0.107
Hg		1	−0.086	0.232*	0.233**	−0.076	−0.037	0.086
Cd			1	0.058	0.085	0.369**	0.498**	0.123
Cr				1	0.296**	0.270**	0.091	−0.206*
Pb					1	0.300**	0.251*	0.122
Cu						1	0.392**	0.036
Zn							1	0.339**
PAHs								1

注：*表示0.05水平上显著相关，**表示0.01水平上显著相关。

主成分分析作为一种用来辅助数据分析的统计方法，可进一步对数据进行详细解释，例如污染来源的确定以及自然和人为因素对土壤元素的贡献等。将标准化后的数据进行主成分分析，继而得到矩阵特征值、贡献率和累计贡献率，根据特征值≥1的原则，小店区提取了2个主成分（表2-9，表2-12），第一主成分的贡献率为43.041%，即反映的信息量占总体信息量的43.041%，主要含有Cr、Cu、Zn、Pb四项指标；第二主成分的贡献率为21.892%，该主成分是As、Cd、Hg的综合反映，因此，Cr、Cu、Zn、Pb是小店区主要的污染因子。其来源可能包括：小店地区拥有太原橡胶厂、太原线织印染厂、山西针织厂和山西毛纺厂，这些工矿企业的污水排放灌溉土壤以及施用化肥、农药等造成该区域这四种重金属局部高度富集。Cd、Zn、Pb含量东南方位小店地区比晋源区高，恰好与当地的主风向一致，表明大气中含Cd、Zn、Pb污染物的干湿沉降也是造成小店区Cd、Zn、Pb污染较严重的一个重要原因。Cr来源主要是研究区厂矿企业排放污水灌溉土壤引起，虽然目前太原市土壤Cr污染并不十分严重，但如果不在源头上加以控制，Cr的污染就会很快在程度上和范围上进一步加深和扩大。晋源区提取了3个主成分（表2-10，表2-12），第一主成分的贡献率为25.459%，即反映的信息量占总体信息量的25.459%，主要含有Cd、As、Zn四项指标；第二主成分的贡献率为20.121%，该主成分是Cr、Hg的综合反映，第三主成分的贡献率为19.245%，主要成分是Pb、Cu，因此Cd、As、Zn是晋源区的主要污染因子。在晋源区主要分布有多家太原化工厂，太原市第一热电厂、造纸厂、医药园区等，这几种污染元素跟这些厂矿企业的高耗能有关，As来源可能与印染厂等污水排放灌溉土壤有关。清徐县提取了3个主成分（表2-11，表2-12），第一主成分的贡献率为42.704%，即反映的信息量占总体信息量的42.704%，主要含有Cd、Pb、Cr、Cu、Zn四项指标；第二主成分的贡献率为17.385%，该主成分是Hg，第三主成分的贡献率为15.06%，主要成分是As，因此Cd、Pb、Cr、Cu、Zn是清徐县的主要污染因子。

表2-9 小店区解释的总方差

成分	初始特征值			旋转平方和载入		
	合计	方差贡献率/%	累计贡献率/%	合计	方差贡献率/%	累计贡献率/%
1	3.464	49.481	49.481	3.013	43.041	43.041
2	1.082	15.452	64.933	1.532	21.892	64.933
3	0.925	13.209	78.142			
4	0.793	11.323	89.465			
5	0.298	4.257	93.723			
6	0.246	3.521	97.243			
7	0.193	2.757	100			

表 2-10 晋源区解释的总方差

成分	初始特征值			旋转平方和载入		
	合计	方差贡献率/%	累计贡献率/%	合计	方差贡献率/%	累计贡献率/%
1	3.464	49.481	49.481	1.782	25.459	25.459
2	1.082	15.452	64.933	1.408	20.121	45.58
3	0.925	13.209	78.142	1.347	19.245	64.825
4	0.793	11.323	89.465			
5	0.298	4.257	93.723			
6	0.246	3.521	97.243			
7	0.193	2.757	100			

表 2-11 清徐县解释的总方差

成分	初始特征值			旋转平方和载入		
	合计	方差贡献率/%	累计贡献率/%	合计	方差贡献率/%	累计贡献率/%
1	2.996	42.803	42.803	2.989	42.704	42.704
2	1.262	18.024	60.827	1.217	17.385	60.089
3	1.003	14.322	75.149	1.054	15.06	75.149
4	0.723	10.328	85.477			
5	0.467	6.671	92.148			
6	0.282	4.029	96.177			
7	0.268	3.823	100			

表 2-12 污灌区土壤重金属含量旋转成分矩阵

元素	小店主成分		晋源主成分			清徐主成分		
	1	2	1	2	3	1	2	3
Cd	0.157	0.825	−0.777	0.152	0.114	0.865	−0.05	−0.127
Hg	0.256	0.39	0.528	0.553	−0.344	0.034	0.942	0.009
As	−0.075	−0.736	0.705	−0.134	0.516	−0.022	0.023	0.968
Pb	0.869	0.131	0.183	−0.327	−0.782	0.699	0.049	0.158
Cr	0.86	0.144	−0.03	0.915	0.06	0.779	0.114	−0.205
Cu	0.877	0.27	0.156	−0.291	0.577	0.767	−0.395	−0.016
Zn	0.808	0.215	−0.586	−0.183	−0.046	0.746	0.392	0.183

总之，由于太原市特殊的工业布局，太原钢铁厂、太钢污水处理厂、新华化工厂、东安化工厂、太原工具厂等大型重污染企业位于太原市城区的北部，太原市常年尤其是冬季盛行西北风，同时由于太原市独特的地理地形特点，污

染物有向南迁移的特点，这些必须引起有关部门的足够重视。

玉米各器官重金属含量与土壤污染元素的相关性分析见表 2-13。由表 2-13 可知，不同研究区玉米根、茎叶、籽粒的重金属和多环芳烃含量与土壤中的污染元素的含量均呈现显著正相关性（清徐县玉米茎叶和籽粒除外）。由此可见，玉米各器官重金属和多环芳烃来源在很大程度上与土壤的污染来源一致。

表 2-13　太原污灌区玉米各器官重金属和多环芳烃含量与土壤相关元素的相关性分析

项目	小店土	晋源土	清徐土	太原土
小店土	1			
小店根	0.953**			
小店茎叶	0.859**			
小店籽粒	0.827*			
晋源土		1		
晋源根		0.883**		
晋源茎叶		0.735*		
晋源籽粒		0.709*		
清徐土			1	
清徐根			0.850**	
清徐茎叶			0.684	
清徐籽粒			0.649	
太原土				1
太原根				0.910**
太原茎叶				0.767*
太原籽粒				0.735*

注：*表示 0.05 水平上显著相关，**表示 0.01 水平上显著相关。

2.3.2　土壤-农作物体系中多环芳烃来源解析

2.3.2.1　比值法

环境中的 PAHs 来源大致可分为燃烧源和石油源，高环（4 环及以上）PAHs 主要来源于煤等化石燃料的高温燃烧，低环（2 环和 3 环）PAHs 主要来源于有机物的低温转化和石油产品的泄露[63]。根据 PAHs 分子的环数，将 16 种 PAHs 单体分为 2～3 环、4 环、5～6 环 3 个系列进行分析。本研究中，2～3 环含量约占总量的 24.4%，4 环含量约占总量的 38.6%，5～6 环含量约占总量的 37.0%。由此可见，中环和高环 PAHs 含量所占的比例较高，其总和可达到 75.6%，而这两类 PAHs 主要来源于煤炭等化石燃料的高温燃烧。上述结果说明太原污灌区PAHs主要来源为化石燃料的不完全燃烧，可能与居住在该污灌区附近的工业企业的排放和居民活动有关。目前已有不少研究报道了PAHs污染源解析同分异构体比率在确定多环芳烃的污染源研究中，是一种有用的诊断工具。因为在不同介质间的迁移过程中，同分异构体同时被等程度地稀释，本研究选择Ant/(Ant+Phe)与Flu/(Flu+Pyr)、BaA/(BaA+Chr)与InP/(InP+BP)的比值相结合的方法来判断污灌区土壤中的PAHs来源。

图2-3显示，小店区采样点土壤中PAHs的Flu/(Flu+Pyr)比值为0.037～0.684，有1个采样点该比值介于0.4～0.5，表明存在典型的石油燃烧污染；有5个采样点该比值大于0.5，表明这5个点污染主要来源于生物质和煤的不完全燃烧；其余29个采样点小于0.4，与代表了石油源比值接近。Ant/(Ant+Phe)比值为0.081～0.467，其中只有1个采样点该比值小于0.1，其余采样点该比值大于0.1，以燃烧源为主。综合来看，约有83%的采样点Flu/(Flu+Pyr)比值小于0.4且Ant/(Ant+Phe)的比值大于0.1，因此，小店区土壤PAHs污染主要来源于石油和煤燃烧。同样，晋源区土壤PAHs来源约有2/3与小店区相同，其余1/3来自石油类PAHs污染。清徐县土壤PAHs来源约有50%与小店区相同，其余也来自石油类PAHs污染。

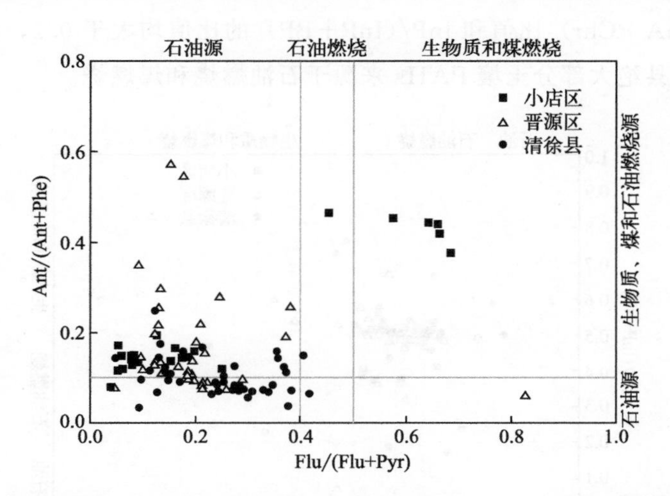

图2-3 农田土壤中PAHs的Flu/(Flu+Pyr)和Ant/(Ant+Phe)的特征比值图

从图2-4可以看出，小店区土壤中PAHs的BaA/(BaA+Chr)比值为0.279～0.426，有74%的采样点该比值大于0.35，表明存在生物质和煤燃烧污染。InP/(InP+BP)比值为0.376～0.536，约有80%的采样点该比值大于

0.5，表明其污染来源于生物质和煤燃烧。综合看来，小店区土壤中满足BaA/(BaA+Chr)比值大于0.35且InP/(InP+BP)的比值大于0.5的采样点，占到了总采样点数的60%，该结果进一步表明小店区绝大部分土壤PAHs来源于煤燃烧。晋源区土壤中PAHs的BaA/(BaA+Chr)比值为0.056～0.815，有51%的采样点该比值大于0.35，43%的采样点该比值介于0.2～0.35之间，有6%的采样点该比值小于0.2，表明存在石油、石油燃烧以及生物质和煤燃烧污染。InP/(InP+BP)比值为0.071～0.828，约有46%的采样点该比值大于0.5，有3%的采样点该比值小于0.2，余51%的采样点该比值介于0.2～0.5之间，表明其污染来源主要来自石油燃烧、生物质和煤燃烧。综合来看，约有88%的采样点BaA/(BaA+Chr)比值和InP/(InP+BP)的比值均大于0.2，该结果进一步表明晋源区绝大部分土壤PAHs来源于石油燃烧和煤燃烧。清徐县土壤中PAHs的BaA/(BaA+Chr)比值为0.143～0.727，有45%的采样点该比值大于0.35，50%的采样点该比值介于0.2～0.35之间，有5%的采样点该比值小于0.2，表明存在石油、生物质和煤燃烧污染。InP/(InP+BP)比值为0.173～0.761，约有60%的采样点该比值大于0.5，有8%的采样点该比值小于0.2，32%的采样点该比值介于0.2～0.5之间，表明其污染来源主要来自石油燃烧、生物质和煤燃烧。综合来看，清徐县约有88%的采样点BaA/(BaA+Chr)比值和InP/(InP+BP)的比值均大于0.2，该结果进一步表明清徐县绝大部分土壤PAHs来源于石油燃烧和煤燃烧。

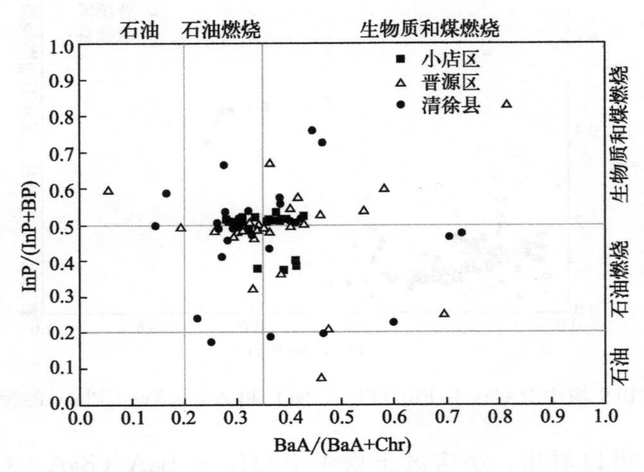

图2-4　农田土壤中PAHs的InP/(InP+BP)和BaA/(BaA+Chr)的特征比值图

综上所述，太原污灌区土壤中 PAHs 的来源主要为燃烧源，包括石油、煤和生物质等的燃烧。

2.3.2.2 主成分分析/多元线性回归法（PCA/MLR）

为了定量分析污灌区土壤中 PAHs 的来源，分别对小店区、晋源区和清徐县的土壤样品中 16 种 PAHs 进行 PCA 分析。采用主成分提取法和最大方差旋转法进行因子分析，主成分提取原则为特征值大于 1。小店区共获得 2 个主成分，累计方差贡献率为 90.41%，说明 2 个主成分可以反映原始变量总信息的 90 %以上。主成分 1（PC1）和主成分 2（PC2）分别解释了 60.615%和 29.795%的方差（表 2-14）。

表 2-14 污灌区土壤中各 PAHs 的旋转成分矩阵

多环芳烃种类	PAHs	小店区		晋源区		清徐县	
		PC1	PC2	PC1	PC2	PC1	PC2
萘	NaP	0.414	0.135	−0.057	0.897	−0.257	0.25
苊	Acy	−0.043	0.923	0.039	0.944	0.737	0.413
二氢苊	Ace	−0.04	0.889	0.844	0.333	0.09	0.92
芴	Flu	−0.098	0.983	0.65	0.615	0.369	0.822
菲	Phe	0.553	0.784	0.322	0.876	0.893	0.156
蒽	Ant	0.007	0.995	0.172	0.96	0.902	0.27
荧蒽	Flt	0.817	0.542	0.466	0.841	0.965	0.078
芘	Pyr	0.954	0.244	0.477	0.819	0.944	0.17
苯并[a]蒽	BaA	0.969	−0.111	0.503	0.801	0.973	0.087
䓛	Chr	0.979	−0.172	0.68	0.561	0.932	0.08
苯并[b]荧蒽	BbF	0.973	−0.146	0.768	0.175	0.948	0.085
苯并[k]荧蒽	BkF	0.986	0.012	0.892	0.079	0.968	0.118
苯并[a]芘	BaP	0.986	0.123	0.874	0.16	0.977	0.046
茚并[1,2,3]芘	BA	0.967	−0.201	0.908	0.227	0.968	0.085
二苯并[a,h]蒽	InP	0.99	−0.078	0.887	0.233	0.976	0.069
苯并[g,h,i]苝	BP	0.963	0.236	0.909	0.139	0.955	0.087
特征值		9.698	4.767	7.018	6.395	11.596	1.944
方差贡献率/%		60.615	29.795	43.860	39.970	72.474	12.150

小店区 PC1 的方差贡献率为 60.615%，主要为 4 环和 4 环以上 PAHs，包括 Flt、Pyr、BaA、Chr、BbF、BkF、BaP、BA、InP、BP。这些高分子量

PAHs 主要是化石燃料燃烧所生成的产物。其中，Pyr、BaA、BaP、BkF 是煤炭燃烧的典型代表物，BbF、InP 和 BP 是以柴油或汽油为燃料的机动车尾气排放的指示物[64,65]，它们的来源都与化石燃料燃烧有关[66]，BaA 和 Chr 被研究者确认为汽油和天然气燃烧的产物[67]。而 NaP 主要来自焦炉燃烧、汽车尾气排放和汽油泄漏等[71]。因此，PC1 反映出小店区土壤中的 PAHs 主要来源于化石燃料和炼焦的混合源。PC2 的方差贡献率为 29.795%，主要包括 Acy、Ace、Flu、Phe 和 Ant。Ace、Acy 主要存在于焦炭中[68]，Flu、Phe 和 Ant 这 3 种 PAHs 都是炼焦过程中产生的[69]。因此，PC2 主要来自于焦炭源。

以标准化主因子得分变量为解释变量，标准化的 16 种 PAHs 总量为被解释变量，利用 SPSS 进行多元线性回归分析。采用逐步回归的方法，设定进入方程的变量的显著水平为 0.05，从方程中剔除变量的显著水平为 0.1，由此获得方程的标准化回归系数可以反映各主成分因子，即各主要源的相对贡献。表 2-15 给出了回归方程的方差分解及检验过程，回归方程的统计量 F 值为 27796.467，P（Sig.）值为 0.000，小于 0.05，可见方程极其显著。拟合的回归方程系数及其检验见表 2-16。未标准化时，常数项为 1.10E－16，统计量 t 值为 0.000，对应的 P 值为 1.000，大于 0.05，方程的常数项不显著，可以考虑剔除常数项，采用标准化后的方程。自变量 f_1 的回归系数为 0.896，统计量 t 值为 211.405，对应的 P 值为 0.000，检验结果显著（$P<0.05$）；自变量 f_2 的回归系数为 0.443，统计量 t 值为 104.407，对应的 P 值为 0.000，小于 0.05，检验结果显著。由此可得小店农田土壤中 PAHs 的标准回归方程为：

$$y_{\mathrm{PAHs}}=0.896f_1+0.443f_2$$

污染源的平均贡献率由以下公式计算：

$$w=\left(B_i/\sum B_i\right)\times 100\%$$

式中，B_i 表示自变量 f_i 的回归系数。

由此可得，化石燃料和炼焦的贡献率为 66.9%，焦炭源的贡献率 33.1%。因此，化石燃料和炼焦是小店污灌区农田土壤中 PAHs 的主要来源，该结果与比值法的源解析结果基本一致。

晋源区 PC1 的方差贡献率为 43.860%，主要为 3 环和 5 环 PAHs，包括 Acy、Flu、Chr、BbF、BkF、BaP、BA、InP、BP，其中 Acy 主要来自于柴油或木材的燃烧，Flu、Chr、BbF、BkF、BaP 是煤炭燃烧的指示物，BA、InP、BP 是以柴油或汽油为燃料的机动车尾气排放指示物。因此，PC1 反映出

表 2-15　污灌区回归方程方差分析 (a)

区域	小店区					晋源区					清徐县				
模型	平方和	df	均方	F	Sig.	平方和	df	均方	F	Sig.	平方和	df	均方	F	Sig.
回归	33.98	2	16.99	27796.467	0.000	33.895	2	16.948	5176.184	0.000	38.59	2	19.295	1741.227	0.000
残差	0.02	32	0.001			0.105	32	0.003			0.41	37	0.011		
总计	34	34				34	34				39	39			

表 2-16　污灌区回归方程方差分析 (b)

区域	小店区					晋源区					清徐县				
模型	非标准化系数		标准系数	t	Sig.	非标准化系数		标准系数	t	Sig.	非标准化系数		标准系数	t	Sig.
	B	标准误差	Beta			B	标准误差	Beta			B	标准误差	Beta		
常量	1.10E-16	0.006		0.000	1.000	−7.45E-17	0.01		0.000	1.000	−3.15E-16	0.017		0.000	1.000
回归方程系数 1	0.896	0.004	0.896	211.405	0.000	0.75	0.01	0.75	76.463	0.000	0.986	0.017	0.986	58.476	0.000
回归方程系数 2	0.443	0.004	0.443	104.407	0.000	0.659	0.01	0.659	67.125	0.000	0.134	0.017	0.134	7.94	0.000

晋源区土壤中的 PAHs 主要来源于化石燃料的燃烧。PC2 的方差贡献率为 39.970%，主要包括 Nap、Ace、Phe、Ant、Flt、Pyr、BaA。其中 NaP、Ace、Flt 是焦炉的主要指示物，Phe、Ant、Pyr、BaA 是煤炭燃烧的指示物，因此，PC2 反映出煤炭燃烧和炼焦的混合源。

以标准化主因子得分变量为解释变量，标准化的 16 种 PAHs 总量为被解释变量，利用 SPSS 进行多元线性回归分析。晋源区土壤中 PAHs 的标准回归方程为：

$$y_{\mathrm{PAHs}}=0.75f_1+0.659f_2$$

由此得出，晋源区土壤中 PAHs 的 2 种来源的贡献率分别为 53.2%（汽油或柴油为主的燃料燃烧）、46.8%（煤燃烧和炼焦的混合源）。

清徐县 PC1 的方差贡献率为 72.474%，主要为 3 环、4 环和 5 环 PAHs，包括 Phe、Ant、Flt、Pyr、BaA、Chr、BbF、BkF、BaP、BA、InP、BP，其中 Phe、Ant、Flt、Pyr、BaA、Chr、BbF、BkF、BaP 主要来源于煤炭燃烧，而 BA、InP、BP 与交通污染有关，来自于汽油或柴油燃烧。因此，PC1 反映出晋源区土壤中的 PAHs 主要来源于化石燃料的燃烧。PC2 的方差贡献率为 12.150%，主要包括 Ace、Acy、Flu，主要来源于木材或炼焦燃烧。因此，PC2 反映出木材燃烧和炼焦的混合源。

以标准化主因子得分变量为解释变量，标准化的 16 种 PAHs 总量为被解释变量，利用 SPSS 进行多元线性回归分析。晋源区土壤中 PAHs 的标准回归方程为：

$$y_{\mathrm{PAHs}}=0.986f_1+0.134f_2$$

由此得出，晋源区土壤中 PAHs 的 2 种来源的贡献率分别为 88%（化石燃料燃烧）、12%（煤木材燃烧和炼焦的混合源）。

综上所述，这三个区的 PAHs 来源主要是化石燃料燃烧、煤炭燃烧和炼焦，这是由于污灌区采样点附近重工业企业较多，通过燃煤或化石燃料产生的 PAHs 以烟尘颗粒为载体通过大气干湿沉降和风力输送进入到土壤环境中，同时污水灌溉使得吸附在水体中固体颗粒上的 PAHs 随污水流动而在土壤中大量富集。此外，居民区排放的废气废渣、汽车尾气和煤、焦炭的燃烧所产生的颗粒通过干湿沉降进入土壤表面，也给土壤贡献了部分 PAHs。因此，太原市污灌区农田土壤中 PAHs 污染来源一方面与灌溉水质及灌溉历史有很大的关系；另一方面，通过燃煤或化石燃料产生的 PAHs 通过大气干湿沉降和风力输送进入到土壤环境中，在地表径流作用下造成土壤污染。

第3章 土壤-作物体系重金属和多环芳烃的迁移特征研究

土壤-作物系统重金属污染事件备受全世界瞩目，“骨痛病”和“水俣病”事件就是土壤-作物系统受到Cd和Hg污染的典型案例。这些令人沉痛的污染事件有力推动了人们对土壤-作物系统重金属污染问题的关注和认识；多环芳烃是广泛存在于生态环境中的一类典型的持久性有机污染物（persistent organic pollutants，POPs），在水体中的溶解度很低，易在有机碳颗粒和水体生物体内积聚，其在沉积物及生物体内的含量远高于相应水体，不仅对人体造成危害，且对整个地区环境产生影响。因此，亟需深入了解土壤-作物系统重金属和多环芳烃的迁移转化、作物中重金属和多环芳烃的富集等问题。富集系数为作物重金属（或PAHs）含量与土壤重金属（或PAHs）含量的百分比值，富集系数越大，表明作物越容易从土壤中吸收该元素，其迁移性也愈强。

3.1 评价方法

3.1.1 富集系数

为了进一步阐述农田土壤中重金属和多环芳烃污染物的含量对农产品中污染物含量的直接影响，以及农产品对重金属的吸收和累积特性的差异，引用富集系数（concentration factor，CF），即作物中重金属（或PAHs）元素的含量占土壤中相应元素的百分数，它在一定程度上反映了土壤-作物系统中元素迁移的难易程度，说明重金属（或PAHs）在作物体内的富集情况。它不仅与环境中元素或物质的种类和浓度有关，而且与元素价态、物质结构形式、溶解度、生物种类、生物器官组织、各生物生长阶段的生理特性和外界环境条件有关。具体计算方法为：

$$CF=\frac{C_P}{C_S}\times 100\%$$

式中，CF 为富集系数；C_P 为植物地上部分重金属（或 PAHs）含量（mg/kg）；C_S 为土壤中重金属（或 PAHs）含量（mg/kg）。一般来说作物对重金属的富集系数越小，则表明其吸收污染物的能力越差，抗土壤污染物的能力越强。

3.1.2 迁移系数

迁移系数（transfer factor，TF）是指植物地上部分器官元素含量占植物根系相应元素总量的百分数。它能够一定程度上反映着土壤-作物系统中元素迁移的难易程度。具体计算方法为：

$$TF=\frac{C_c}{T_S}\times 100\%$$

式中，TF 为重金属（或 PAHs）迁移系数；C_c 作物地上部分重金属（或 PAHs）的含量（mg/kg）；T_S 为植物根系中重金属（或 PAHs）含量（kg/hm^2）。

3.2 土壤-作物体系重金属和多环芳烃的富集特征

不同农作物对同种重金属的富集状况不同，研究结果显示（表 3-1），小店区蔬菜对 Cd 的富集系数相对高；对其他重金属的富集系数均表现为 Cd＞Zn＞Cu＞Hg＞As＞Pb＞Cr。不同蔬菜对同种重金属的吸收、富集水平也存在差异。其中不同类型蔬菜对 As 的富集系数整体上均表现为叶菜类＞根茎类＞瓜菜类＞茄果类，对 Hg、Cd 的富集系数整体上表现为叶菜类＞根茎类＞瓜菜类＞茄果类，对 Cr 的富集系数整体上表现为根茎类＞瓜菜类＞叶菜类＞茄果类，对 Pb、Cu 的富集系数整体上表现为叶菜类＞瓜菜类＞茄果类＞根茎类。而对 PAHs 的富集系数整体上表现为叶菜类＞瓜菜类＞茄果类＞根茎类。叶菜类蔬菜对各重金属和 PAHs 均有很强的吸附能力，其抗重金属污染能力最弱；而茄果类蔬菜对各种重金属和 PAHs 富集系数均相对较低，其对 As、Hg、Cd、

Cr、Pb、Cu、Zn 和 PAHs 的富集系数分别为 0.74%、1.63%、4.94%、0.20%、0.47%、4.18%、4.09%和 5.30%，因此，抗重金属和多环芳烃污染能力最强。因此，为保证蔬菜食用安全，应在研究区，特别是重金属含量较高的区域减少叶菜类蔬菜的种植。

表 3-1 土壤-作物体系重金属和多环芳烃的富集系数 单位：%

作物类型		As	Hg	Cd	Cr	Pb	Cu	Zn	PAHs
根茎类	土豆	1.37	2.93	21.43	0.49	0.37	0.88	5.30	2.22
茄果类	番茄	0.74	1.63	4.94	0.20	0.47	4.18	4.09	5.30
瓜菜类	黄瓜	1.07	2.63	14.48	0.46	0.52	4.67	2.65	5.52
叶菜类	生菜	1.43	3.83	22.17	0.44	0.79	5.72	7.48	6.61

重金属和多环芳烃在不同种类蔬菜中的富集能力不同，不同重金属在同种蔬菜中的积累水平也不同[70]。另外，由于不同地区种植和耕作方式、土壤理化性质以及气候条件等因素不同，也会对重金属的积累和有效性产生较大的影响[71]。在本研究所涉及的 7 种重金属和多环芳烃中，Cd 在农作物中的富集能力最强，这一结果与已有研究结果一致[72,73]。本研究结果表明，4 种类型蔬菜（叶菜类、根茎类、果实类和瓜菜类）中，As、Hg、Cd、Pb、Cu、Zn 和 PAHs 的富集系数均为叶菜类最高，而 Cr 的富集系数在根茎类蔬菜中最高，由此可见，叶菜类蔬菜对各重金属和 PAHs 均有很强的吸附能力。相对而言，重金属和多环芳烃在茄果类蔬菜中的富集系数较低，其中重要的原因可能是重金属从土壤向果实类蔬菜迁移的距离远于向叶菜类迁移的距离[74]。因此，根据土壤中重金属的含量以及相应的重金属的富集系数，综合调整设施蔬菜基地的种植结构，从而降低农作物的摄入风险。

玉米中重金属和多环芳烃的富集系数计算结果见表 3-2。从表中可知，玉米根、茎叶富集系数最高的元素均是 Cd，籽粒富集系数最高的元素均是 Zn。这与庞少鹏等[75] 的研究结果相同。玉米中 As、Hg、Cd、Cr、Pb、PAHs 的富集系数均是根>茎叶>籽粒，说明这几种重金属元素和多环芳烃均是更容易在根中富集，而在籽粒中的富集相对最少；Cu 的富集系数是茎叶≈根>籽粒，说明 Cu 在茎叶和根中的富集程度差不多；Zn 的富集系数均是籽粒>茎叶>根，说明 Zn 更容易在玉米茎叶和籽粒中富集。玉米作物各器官重金属富集能力排序结果为：玉米根 Cd>Hg>Cu>As>Zn>Cr>Pb；玉米茎叶 Cd>Cu>Zn>Hg>Pb>As>Cr；玉米籽粒 Zn>Cd>Hg>Cu>Pb>Cr>As。

表 3-2 土壤-玉米系统重金属和多环芳烃的富集系数 单位：%

玉米器官	污染物类型	小店区		晋源区		清徐县		太原市	
		均值	标准差	均值	标准差	均值	标准差	均值	标准差
根	As	18.7	16.9	12.2	5.3	16.1	13.7	15.7	11.9
	Hg	28.7	12.5	30.8	17.1	39.0	13.2	32.8	14.3
	Cd	35.7	17.0	39.9	10.9	41.1	18.0	38.9	15.3
	Cr	10.6	3.3	8.4	3.1	6.5	3.3	8.5	3.2
	Pb	7.4	4.7	5.2	2.4	6.4	2.8	6.4	3.3
	Cu	20.7	9.6	26.3	10.6	24.3	11.5	23.8	10.5
	Zn	11.0	4.9	10.8	3.4	12.1	3.8	11.3	4.0
	PAHs	11.9	11.4	11.9	11.2	27.8	35.2	17.2	19.3
茎叶	As	3.5	2.7	4.9	3.9	4.3	2.8	4.3	3.1
	Hg	18.6	11.5	14.8	13.3	11.6	6.0	15.0	10.3
	Cd	28.1	11.1	34.5	12.0	39.4	11.7	34.0	11.6
	Cr	2.5	0.7	2.1	0.4	1.9	0.6	2.2	0.6
	Pb	6.6	2.7	5.0	2.2	6.7	2.7	6.0	2.5
	Cu	22.5	9.8	28.4	12.4	26.1	11.8	25.7	11.3
	Zn	21.6	9.7	18.7	6.6	22.5	10.2	20.9	8.8
	PAHs	8.9	12.5	11.2	14.8	19.3	20.5	13.2	16.0
籽粒	As	0.1	0.02	0.1	0.1	0.1	0.04	0.1	0.04
	Hg	12.0	6.9	11.3	5.7	14.4	8.4	12.6	7.0
	Cd	20.1	8.9	20.6	12.7	23.5	13.5	21.4	11.7
	Cr	0.3	0.1	0.4	0.2	0.4	0.2	0.4	0.2
	Pb	1.2	0.7	0.8	0.3	0.9	0.4	0.9	0.5
	Cu	5.8	2.5	5.8	2.4	7.0	2.6	6.2	2.5
	Zn	30.6	9.1	24.6	4.8	28.5	8.8	27.9	7.6
	PAHs	2.8	1.7	3.4	3.4	12.0	7.3	6.1	4.1

综上所述，玉米作物的营养器官对 Cd 具有很强的富集能力，而玉米籽粒对 Cd 的富集能力很弱，可能是土壤 Cd 的强生物有效性促进了玉米对其的吸收，而玉米根部和茎叶的屏障作用限制了 Cd 向玉米籽粒中转移。玉米籽粒对 Zn 的富集能力大于营养器官，Zn 是植物生长的必需元素，其参与植物光合作用的进行和碳水化合物的转化，而玉米籽粒的发育正是基于该方式。

3.3 土壤-作物体系重金属和多环芳烃的迁移特征

玉米茎叶和籽粒重金属和多环芳烃的迁移系数计算结果见表 3-3 所示。从该表可知，除元素 Zn 外，太原市污灌区重金属和多环芳烃根到茎叶的迁移系数均大于根到籽粒的迁移系数，说明 Cd、Hg、As、Pb、Cr、Cu、PAHs 均是更容易向茎叶中迁移从而富集于茎叶中，向籽粒中迁移的量相对较少，但 Zn 更容易向籽粒中迁移。太原市污灌区重金属和多环芳烃向茎叶中迁移能力大小排序为：Zn＞PAHs＞Pb＞Cu＞Cd＞Hg＞As＞Cr；重金属和多环芳烃向籽粒中迁移能力大小排序为：Zn＞PAHs＞Cd＞Hg＞Cu＞Pb＞Cr＞As。

表 3-3　土壤-玉米系统重金属和多环芳烃的迁移系数　　单位：%

迁移方式	污染物类型	小店区		晋源区		清徐县		太原市	
		均值	标准差	均值	标准差	均值	标准差	均值	标准差
茎叶/根	As	27.9	26.0	46.6	44.6	68.6	90.2	47.7	67.9
	Hg	112.8	154.1	59.4	51.5	30.0	10.6	67.4	83.2
	Cd	98.3	70.1	91.0	37.6	115.5	71.6	101.6	62.1
	Cr	26.2	15.6	27.4	10.1	38.3	22.5	30.7	18.4
	Pb	129.5	99.7	102.8	42.9	127.9	95.2	120.1	82.5
	Cu	123.9	73.9	114.4	44.7	119.8	61.1	119.4	58.6
	Zn	209.4	71.3	184.9	75.6	193.1	77.4	195.8	74.7
	PAHs	160.2	167.6	118.1	169.1	111.6	137.8	130.0	154.6
籽粒/根	As	0.8	0.7	5.3	19.4	1.3	1.8	2.5	11.1
	Hg	46.8	26.4	41.8	16.2	39.3	26.4	42.6	23.3
	Cd	70.3	58.0	53.6	40.8	61.5	33.9	61.8	42.1
	Cr	3.7	3.3	5.7	4.7	7.1	5.6	5.5	5.0
	Pb	19.4	12.5	16.7	8.1	16.5	11.0	17.5	10.4
	Cu	31.5	17.2	24.1	10.0	32.4	12.3	29.3	13.2
	Zn	299.3	67.9	242.8	62.4	242.9	65.9	261.7	68.3
	PAHs	83.4	101.0	142.1	258.0	96.6	115.5	107.4	173.5

第4章 污灌区土壤质量综合评价

4.1 污灌区农田土壤肥力指标的主成分分析

4.1.1 污灌区土壤肥力基本情况

根据前人的研究经验、相关文献及结合研究区域实际情况，选取小店区18个有代表性的采样点（S1、S2、S3，S4、S5、S6、S7、S8、S9、S10、S11、S12、S13、S14、S15、S16、S17、S18），以TP、TK、AvN、EC、AvP、AvK、TN、CEC、SOM、pH值等10项指标为评价对象，进行描述性统计分析。表4-1列出了研究区域各指标描述性统计值。

表4-1 研究区域土壤养分整体情况

项目	*N*	极小值	极大值	均值	标准差	变异系数
TP/(mg/kg)	18	834	1429	1080.8	157.4860	0.1457
TK/(mg/kg)	18	684	19500	13181.1	3.7327	0.2832
AvN/(mg/kg)	18	12.5	138	90.3	28.0121	0.3103
EC/(μS/m)	18	106	1409	364.3	381.4375	1.0471
AvP/(mg/kg)	18	9.3	74.6	36.5	18.0058	0.4928
AvK/(mg/kg)	18	110	270	158.4	0.0399	0.2516
TN/(mg/kg)	18	564	920	628.4	81.1985	0.1292
CEC/(cmol/kg)	18	1.7	12.5	8.4	2.5947	0.3108
SOM/(g/kg)	18	5.6	58.9	30.0	13.0932	0.4368
pH值	18	7.5	8.3	8.0	0.1494	0.0188

从平均值来看，TN为628.4mg/kg，CEC为8.4cmol/kg，含量相对较低，TK、AvP和TP分别为13181.1mg/kg、36.5mg/kg、1080.8mg/kg，总

体含量较高；根据全国第二次土壤普查的土壤养分分级标准，采样点区域AvN、AvK和SOM总体含量适当，TN含量贫乏。pH值也处于弱碱性状态，较为适宜作物的生长。此外，各指标的变异系数介于1.88%～104.71%，其中pH变异系数小于10%，为弱变异，EC变异系数大于100%，为各指标变异系数最大值，属于强变异，其他各项指标变异系数介于10%～50%之间，均为中等变异。综上所述，研究区域的土壤质量状况为良好，其中TP和TK含量较高，TN含量偏低。

4.1.2 污灌区土壤肥力因子的主成分分析

对选取的TP、TK、AvN、EC、AvP、AvK、TN、CEC、SOM、pH值10项指标（依次采用X_1、X_2、X_3、X_4……X_{10}表示）进行相关性分析。SOM与TP、AvP、CEC、AvN的相关系数分别为0.650、0.618、0.707、0.731，均达到极显著水平（$P<0.01$）（表4-2）。CEC与AvN的相关系数为0.908，与pH值的相关系数为−0.639，也均达到极显著水平（$P<0.01$）。其次是TP，与AvP和TN的相关系数为0.549和0.531达到显著水平（$P<0.05$）。AvN与AvK显著相关，EC与pH值显著负相关。从评价结果看，本文10项土壤肥力指标间存在着显著和极显著关系，继而本文采用主成分-聚类分析方法对研究区域进行土壤肥力水平的综合评价，进一步分析各项指标之间的相关关系以及各指标对土壤肥力的贡献。

表4-2 评价指标间的相关系数矩阵

土壤	X_1	X_2	X_3	X_4	X_5	X_6	X_7	X_8	X_9	X_{10}
X_1	1.00	0.009	0.463	−0.23	0.549*	0.117	0.531*	0.379	0.650*	−0.181
X_2		1.00	−0.17	0.099	−0.04	0.041	−0.08	−0.120	−0.069	−0.214
X_3			1.000	0.069	0.432	0.477*	0.245	0.908*	0.731*	−0.439
X_4				1.000	−0.22	0.035	−0.16	0.303	0.017	−0.525*
X_5					1.000	0.157	−0.08	0.384	0.618*	0.010
X_6						1.000	0.038	0.427	0.435	−0.229
X_7							1.000	0.140	0.096	−0.095
X_8								1.000	0.707*	−0.639*
X_9									1.000	−0.273
X_{10}										1.000

注：*表示在0.05水平上显著相关。

由于本研究各土壤指标量纲和数量级均不同，因此需要对原始数据进行标准化处理。将标准化后的数据进行主成分分析，继而得到矩阵特征值、方差贡献率和累计贡献率（表 4-3）。

表 4-3 解释的总方差

成分	初始特征值			提取平方和载入			旋转平方和载入		
	合计	方差贡献率/%	累计贡献率/%	合计	方差贡献率/%	累计贡献率/%	合计	方差贡献率/%	累计贡献率/%
1	3.861	38.608	38.608	3.861	38.608	38.608	3.477	34.774	34.774
2	1.877	18.769	57.377	1.877	18.769	57.377	1.912	19.122	53.896
3	1.212	12.122	69.499	1.212	12.122	69.499	1.543	15.433	69.329
4	1.074	10.737	80.236	1.074	10.737	80.236	1.091	10.907	80.236
5	0.856	8.559	88.794						
6	0.421	4.213	93.007						
7	0.297	2.972	95.98						
8	0.259	2.589	98.568						
9	0.098	0.985	99.553						
10	0.045	0.447	100						

根据特征值≥1且累计贡献率＞80%的原则，提取了 4 个主成分（表 4-4）。由表 4-4 看出，第一主成分的贡献率为 34.774%，即反映的信息量占总体信息量的 34.774%，主要含有 TP、SOM、CEC、AvP、AvN 和 AvK 五项指标；第二主成分的贡献率为 19.122%，该主成分是 EC 和 pH 值的综合反映；第三主成分的贡献率为 15.433%，该主成分是 TP 和 TN 综合反映；第四主成分反映信息量占总体信息量的 10.907%，该成分是 TK 的反映。依据主成分的计算公式，将得出的 4 个主成分与 10 项肥力指标的线性方程表示如式(1)～(4)所示：

$$Z_1=0.574X_1-0.083X_2+0.830X_3-0.014X_4+0.767X_5+0.543X_6-0.026X_7+0.801X_8+0.906X_9-0.328X_{10} \quad (1)$$

$$Z_2=-0.241X_1+0.142X_2+0.268X_3+0.821X_4-0.427X_5+0.208X_6+0.025X_7+0.483X_8-0.008X_9-0.793X_{10} \quad (2)$$

$$Z_3=0.664X_1-0.029X_2+0.247X_3-0.209X_4-0.062X_5-0.076X_6+0.957X_7+0.152X_8+0.141X_9-0.173X_{10} \quad (3)$$

$$Z_4=0.192X_1+0.949X_2-0.218X_3+0.037X_4+0.151X_5-0.035X_6-0.096X_7-0.152X_8+0.021X_9-0.216X_{10} \quad (4)$$

表 4-4 主成分分析结果

项目指标	主成分 1	主成分 2	主成分 3	主成分 4
X_1	0.574	−0.241	0.664	0.192
X_2	−0.083	0.142	−0.029	0.949
X_3	0.830	0.268	0.247	−0.218
X_4	−0.014	0.821	−0.209	0.037
X_5	0.767	−0.427	−0.062	0.151
X_6	0.543	0.208	−0.076	−0.035
X_7	−0.026	0.025	0.957	−0.096
X_8	0.801	0.483	0.152	−0.152
X_9	0.906	−0.008	0.141	0.021
X_{10}	−0.328	−0.793	−0.173	−0.216
特征值	3.861	1.877	1.212	1.074
贡献率/%	34.774	19.122	15.433	10.907
累计贡献率/%	34.774	53.896	69.329	80.236

注：提取方法为主成分旋转法：具有 Kaiser 标准化的正交旋转法，旋转在 6 次迭代后收敛。

由表 4-5 可见，经标准化的数据处理，可得到研究区域的 18 个采样点在 4 个主成分上的得分，进一步算出每个采样点的综合得分，排序如下：11＞9＞12＞6＞15＞……＞18。

表 4-5 各主成分得分及综合评价得分

被调查点	*F*1	*F*2	*F*3	*F*4	*F*	排序
1	0.05076	0.05913	−0.40946	−1.89438	−2.19395	15
2	0.48928	−0.60939	−0.09291	−1.22091	−1.43393	13
3	0.24291	−0.86202	−0.59103	−0.60005	−1.81019	14
4	0.05636	−0.74685	−0.68212	−1.62191	−2.99452	17
5	−0.38383	−0.15247	0.77576	0.61937	0.85883	8
6	0.99004	−0.62462	−0.00481	1.59685	1.95746	4
7	0.0958	0.18395	0.71276	−0.34445	0.64806	9
8	−0.22923	1.47664	−0.68245	−0.67638	−0.11142	12
9	−0.58974	0.10345	3.43623	−0.72205	2.22789	2
10	−0.27546	0.13606	0.35674	−0.05776	0.15958	11
11	−0.63874	2.00532	0.20811	1.23289	2.80758	1
12	1.93079	1.19777	−0.60098	−0.40726	2.12032	3
13	−0.38514	1.591	−0.76006	0.50627	0.95207	7

续表

被调查点	*F*1	*F*2	*F*3	*F*4	*F*	排序
14	1.45763	−1.67982	0.24228	1.14984	1.16993	6
15	0.81498	−0.24628	0.10672	0.80922	1.48464	5
16	0.30881	0.0074	−0.43817	0.68747	0.56551	10
17	−1.67483	−0.68929	−0.7125	0.64345	−2.43317	16
18	−2.26039	−1.14998	−0.86411	0.29979	−3.97469	18

本研究将4个主成分分析得分作为新指标，以欧氏距离衡量肥力指标的差异大小，将相近土壤肥力水平的采样点进行系统聚类。由图4-1可看出各样本点的归类情况。将各区域样本点土壤肥力综合得分等级划分为4个类型：第一类为11号区，属于高肥力等级，占样本点1个；第二类为9、12、6、15、14、13、5、7、16、10和8号区，处于较高肥力水平，占样本点11个；第三类为2、3、1、17和4号区，土壤的肥力状况较低，占样本点5个；第四类为18号区，土壤肥力位于最低程度，占样本点1个。其所占样点比例分别为5.6％、61.1％、27.8％和5.6％。由此可见，太原市小店污灌区所取18个样本点中以肥力水平较高的二类居多；高肥力样本点及低肥力样本点各1个，样本肥力水平差异比较大。

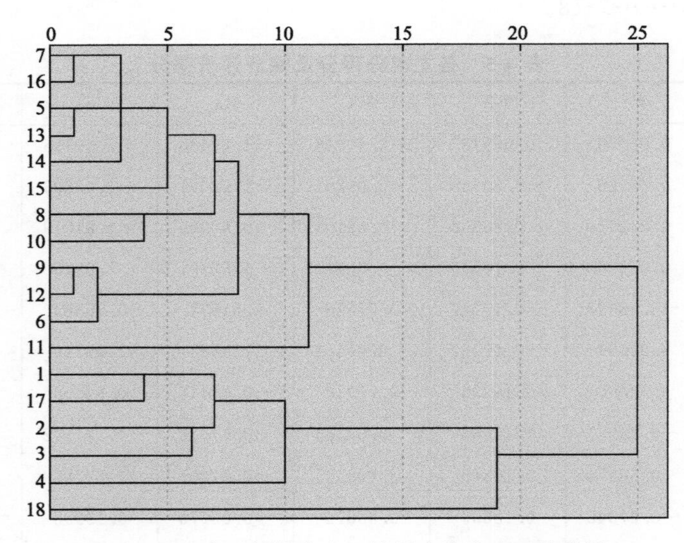

图4-1　18个区域样本点土壤肥力综合水平聚类图

通过系统聚类分析方法，以TP等10项土壤养分参数为评价指标，将太原市小店区土壤肥力质量综合水平分为一级（高）、二级（较高）、三级（较低）、四级（低）4个等级，所占样点比例各为5.6%、61%、27.8%和5.6%。所取18个样本点中，高肥力样本点所占比例较低，肥力水平较高的二类居多，所含样本点集中在小店区南部；三类和四类样本点集中于小店中部及北部，说明污灌区中部及北部土壤肥力水平较低。

4.2 污灌区土壤肥力与污染指标体系的主成分分析

由监测分析可知，小店污灌区不同区域土壤中污染物和肥力指标含量分布差别较大（表4-6），其中土壤中重金属和PAHs含量采用GB 15618—2018中的二级标准进行对比分析，As、Hg、Cd、Cr、Pb、Cu、Zn、PAHs含量分别在9.03～13.71mg/kg、0.08～0.38mg/kg、0.15～0.55mg/kg、44.32～100.09mg/kg、9.85～53.65mg/kg、18.50～45.2mg/kg、55～189mg/kg、1.70～21.64mg/kg，其中Pb、PAHs含量超过土壤环境质量二级标准（Pb 50mg/kg，PAHs 10.1 mg/kg）。总体上，7种重金属含量均值大小依次为：Zn>Cr>Cu>Pb>As>Cd>Hg。变异系数反映了总体样本中各采样点的平均变异程度，其数值越大，土壤差异越大，反之土壤差异就小。该区域PAHs的变异系数最大，为59.52%。

表4-6 污灌区土壤污染物及肥力指标含量特征

指标	范围/(mg/kg)		平均值/(mg/kg)	STDEV	变异系数/%
	最大值	最小值			
As	13.71	9.03	11.15	1.34	12.02
Hg	0.38	0.08	0.15	0.07	47.50
Cd	0.55	0.15	0.29	0.12	42.46
Cr	100.09	44.32	58.46	13.85	23.69
Pb	53.65	9.85	22.59	10.47	46.37
Cu	45.20	18.50	29.71	6.70	22.55
Zn	189.00	55.00	101.48	33.52	33.04
PAHs	21.64	1.70	8.27	4.92	59.52
SOM	58922.47	6208.84	30336.17	11289.35	37.21
TP	1428.95	885.73	1082.47	135.42	37.21
AvP	74.62	17.78	36.21	15.11	12.51
TK	19462.56	7020.00	13526.43	3143.44	41.74

续表

指标	范围/(mg/kg)		平均值/(mg/kg)	STDEV	变异系数/%
	最大值	最小值			
AvK	272.84	108.68	157.68	37.36	23.24
TN	919.80	564.20	631.39	68.75	23.69
AvN	138.00	40.80	93.45	20.31	10.89

由表4-7可以看出，特征值大于1的成分共有4个，且前4个成分的特征值累计贡献率达80.17%。根据特征值大于1以及累积贡献率大于80%的原则，选取前4个因子作为主成分（表4-8）。

表4-7　污灌区农田土壤质量主成分的特征值和贡献率

主成分序号	特征值	贡献率/%	累计贡献率/%
1	7.1624	47.749	47.75
2	1.9515	13.010	60.76
3	1.6694	11.129	71.89
4	1.2428	8.286	80.17
5	0.9416	6.277	86.45

表4-8　污灌区土壤质量主成分的因子载荷矩阵

分析指标	PC1	PC2	PC3	PC4
As	0.485	0.588	−0.461	0.176
Hg	0.838	0.053	0.023	−0.126
Cd	0.599	−0.026	−0.062	0.505
Cr	0.912	0.011	−0.020	0.239
Pb	0.945	0.061	0.126	0.036
Cu	0.714	0.123	−0.089	0.467
Zn	0.896	0.137	−0.289	−0.035
PAHs	0.930	0.149	0.058	−0.115
SOM	0.641	0.628	0.204	0.070
TP	0.647	0.264	0.581	−0.148
AvP	0.788	0.297	−0.098	−0.072
TK	0.145	−0.105	−0.046	−0.786
AvK	−0.027	0.874	−0.123	−0.074
TN	−0.093	0.003	0.910	0.063
AkN	0.131	0.778	0.351	0.294

第一主成分的贡献率为 47.75%，即反映的信息量占总信息量的 47.75%，Pb(0.945)、PAHs(0.930)、Cr(0.912)、Zn(0.896)、Hg(0.838)、AvP(0.788)、Cu(0.714)、Cd(0.599) 这 8 个指标在土壤质量评价体系中具有较高的因子负荷。综合实际意义可知，第一主成分是该评价体系中土壤污染程度的量度，在污灌区土壤质量评价体系中居于首要地位。因此，在进行小店污灌区土壤质量评价时应首先考虑该土壤质量污染指标的评价。

第二主成分反映的信息量占总体信息量 13.01%，As (0.588)、AkN (0.778)、AvK (0.874)、SOM (0.628) 在第二主成分中因子负荷较高。其主体是对 SOM、AvK、AkN 三种肥力水平的量度。由此不难看出，在污染水平大体相同的情况下，SOM、AvK、AkN 是反映土壤肥力水平的综合指标。

第三主成分反映的信息量占总体信息量的 11.13%，因子载荷量较大的指标是 TN (0.910)、TP (0.581)。土壤 TN、TP 有较强的正向载荷，表明该主成分是以土壤 TN、TP 为主要因子的综合指标。显然，第三组成分是在土壤污染水平 AvK、AkN 大体相同的条件下，反映土壤 TN、TP 供应强度的综合指标。

第四主成分反映的信息量占总体信息量 8.29%，因子载荷量绝对值较大的是 TK (−0.786)。其中，土壤 TK 为较强的负向载荷，表明该组成分是以土壤 TK 为主导的综合指标。这个综合指标在污灌区土壤质量评价中处于第四位。

采样点土壤各因子的 PCA 排序及污染等级分布图和污灌区土壤质量主成分载荷图分别见图 4-2 和图 4-3。

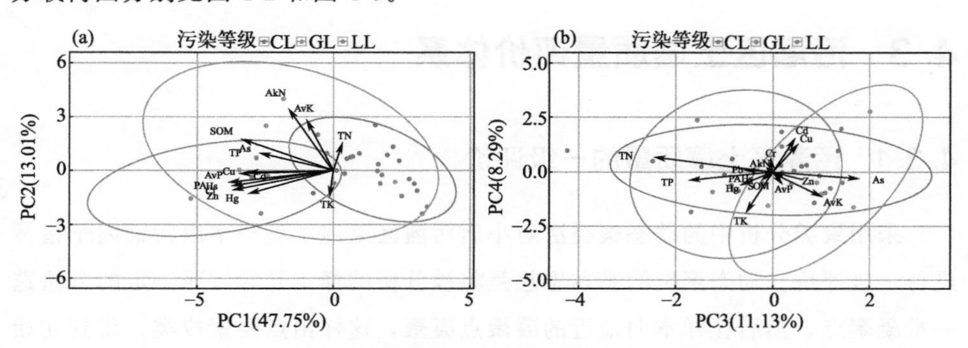

图 4-2　采样点土壤各因子的 PCA 排序及污染等级分布图

注：图中污染等级下各椭圆表示 95%置信概率下的范围

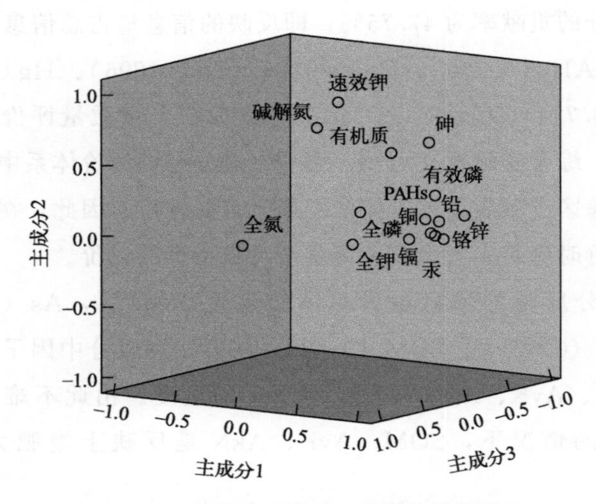

图 4-3 污灌区土壤质量主成分载荷图

根据主成分分析中主成分的分析规则，第一主成分构成的综合指标处于被评价对象所反映全部信息的首要地位；第二主成分构成的综合指标是在第一主成分构成的综合指标大体相同条件下，对被评价对象全部信息所作出的第二位的反映；第三主成分的综合指标是在前两个主成分构成的综合指标大体相同条件下，对被评价对象全部信息所作出的第三位的反映，依次类推。在评价污灌区土壤质量时，基于这一数学原理，第一步，首先应评价土壤污染程度；第二步，在评价土壤污染程度的基础上，对土壤污染程度大体相同的土壤，再依据土壤 SOM、AvK、AkN 的肥力水平分别进行评价；这样，再依据土壤 TN、TP 肥力水平、TK 肥力水平等，逐步细化分级评价，依次类推。

4.3 污灌区土壤质量评价体系

4.3.1 污灌区土壤质量的一级评价

采用聚类分析中的动态聚类法对小店污灌区菜地土壤样本以污染因子指标进行一级评价。动态聚类的基本思想是将被分析的样本开始按照一定的方法选一批凝聚点，然后让样本向最近的凝聚点凝聚，这样由点凝聚成类，得到初始分类。初始分类不一定合理。然后按最近距离原则进行修改不合理的分类，直到分类比较合理为止，形成一个最终的分类结果。

评价步骤如下。

（1）以7种重金属和多环芳烃总量作为评价指标，以欧氏距离作为衡量各处理土壤污染程度差异大小，采用最短距离法将各样本点按土壤污染水平的亲疏相似程度进行系统聚类（图4-4）。

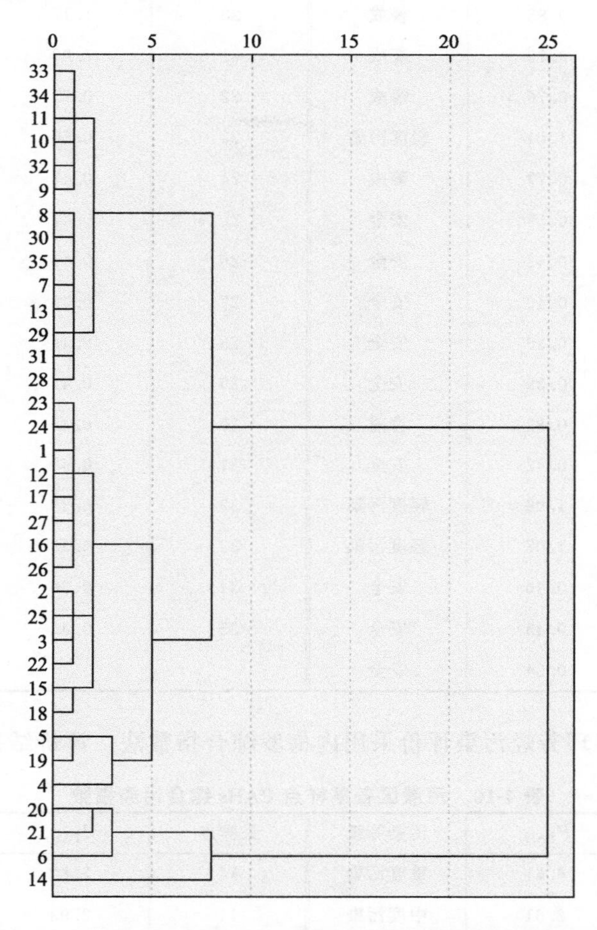

图4-4 基于重金属和多环芳烃复合污染的采样点聚类结果

根据聚类结果，将采样点分为五组：第一组为采样点S33、S34、S11、S10、S32、S9、S8、S30、S35、S7、S13、S29、S31、S28；第二组采样点为S23、S24、S1、S12、S17、S27、S16、S26、S2、S25、S3、S22、S15、S18；第三组采样点为S5、S19、S4；第四组采样点为S20、S21、S6；第五组采样点为S14。

（2）土壤重金属污染评价采用综合污染指数法，各采样点重金属污染程度见表 4-9。

表 4-9　污灌区各采样点重金属综合污染指数

采样点	P_{HM}	污染等级	采样点	P_{HM}	污染等级
1	0.86	警戒	19	1.07	轻度污染
2	0.85	警戒	20	1.17	轻度污染
3	0.75	警戒	21	1.08	轻度污染
4	0.76	警戒	22	0.75	警戒
5	1.01	轻度污染	23	0.50	安全
6	0.77	警戒	24	0.47	安全
7	0.55	安全	25	0.47	安全
8	0.42	安全	26	0.47	安全
9	0.40	安全	27	0.45	安全
10	0.39	安全	28	0.43	安全
11	0.39	安全	29	0.44	安全
12	0.83	警戒	30	0.45	安全
13	0.42	安全	31	0.40	安全
14	1.09	轻度污染	32	0.39	安全
15	1.07	轻度污染	33	0.39	安全
16	0.48	安全	34	0.39	安全
17	0.43	安全	35	0.47	安全
18	0.64	安全			

（3）土壤多环芳烃污染评价采用内梅罗综合指数法，评价结果见表 4-10。

表 4-10　污灌区各采样点 PAHs 综合污染指数

采样点	P_{PAHs}	污染等级	采样点	P_{PAHs}	污染等级
1	6.61	重度污染	10	2.82	中度污染
2	2.61	中度污染	11	2.93	中度污染
3	2.07	中度污染	12	5.22	重度污染
4	8.99	重度污染	13	3.96	重度污染
5	14.48	重度污染	14	11.07	重度污染
6	14.03	重度污染	15	5.38	重度污染
7	2.50	中度污染	16	3.68	重度污染
8	2.40	中度污染	17	15.95	重度污染
9	2.07	中度污染	18	2.27	中度污染

续表

采样点	P_{PAHs}	污染等级	采样点	P_{PAHs}	污染等级
19	10.70	重度污染	28	2.10	中度污染
20	17.06	重度污染	29	2.10	中度污染
21	10.22	重度污染	30	1.61	轻度污染
22	2.10	中度污染	31	2.20	中度污染
23	2.10	中度污染	32	2.30	中度污染
24	2.40	中度污染	33	2.70	中度污染
25	2.20	中度污染	34	2.10	中度污染
26	2.30	中度污染	35	2.50	中度污染
27	2.70	中度污染			

综合上述结果，小店污灌区农田土壤已受到重金属和多环芳烃的复合污染。

(4) 重金属和多环芳烃复合污染不同污染程度点位的划分。

以聚类分析结果得出的五类采样点为基础，对不同类的采样点污染程度进行划分。

表 4-11 不同聚类采样点的重金属和 PAHs 污染等级评价

动态聚类结果	采样点	重金属污染等级	PAHs 污染等级
第一组采样点	S33	安全	中度污染
	S34	安全	中度污染
	S11	安全	中度污染
	S10	安全	中度污染
	S32	安全	中度污染
	S9	安全	中度污染
	S8	安全	中度污染
	S30	安全	中度污染
	S35	安全	中度污染
	S7	安全	中度污染
	S13	安全	中度污染
	S29	安全	中度污染
	S31	安全	中度污染
	S28	安全	中度污染
第二组采样点	S23	安全	中度污染
	S24	安全	中度污染

续表

动态聚类结果	采样点	重金属污染等级	PAHs 污染等级
第二组采样点	S1	警戒	重度污染
	S12	警戒	重度污染
	S17	安全	重度污染
	S27	安全	中度污染
	S16	安全	重度污染
	S26	安全	中度污染
	S2	警戒	中度污染
	S25	安全	中度污染
	S3	警戒	中度污染
	S22	警戒	中度污染
	S15	轻度污染	重度污染
	S18	安全	中度污染
第三组采样点	S5	轻度污染	重度污染
	S19	警戒	重度污染
	S4	警戒	重度污染
第四组采样点	S20	轻度污染	重度污染
	S21	轻度污染	重度污染
	S6	警戒	重度污染
第五组采样点	S14	轻度污染	重度污染

由表 4-11 可以看出，第一组采样点重金属污染等级均为安全，PAHs 污染等级均为中度污染；第二组采样点重金属污染等级除 S15 外多数为安全或警戒，第三、第四、第五组采样点重金属污染等级均为轻度污染或警戒。

结合以上聚类分析以及重金属和多环芳烃的评价的结果，将采样点分为 3 类，第一类为重金属和多环芳烃污染程度相对较大的点，包括点位 4、5、6、14、19、20、21（即聚类结果的第三、第四、第五组采样点），主要分布在研究区中部；第二类为污染程度中等的点，包括样点 1、2、3、12、15、16、17、18、22、23、24、25、26、27（即聚类结果的第二组采样点），主要分布在研究区北部；第三类较为清洁的点有 7、8、9、10、11、13、28、29、30、31、32、33、34、35（即聚类结果的第一组采样点），主要分布在研究区西南部。在此基础上，对三类不同污染程度的农田土壤进行肥力评价。

4.3.2 污灌区土壤质量的二级评价

对选取的有机质、全磷、有效磷、全钾、速效钾、全氮、碱解氮、pH、电导率和阳离子交换量10项指标（依次采用X1、X2、X3、X4……X10表示）进行分析。鉴于本次研究中10个土壤指标具有不同的量纲，同时它们的数量级差别也很大，因此需要对原始数据进行标准化处理，将标准化后的数据进行主成分分析，分析得出矩阵特征值、贡献率和累计贡献率（表4-12）。

表4-12 解释的总方差

成分	初始特征值			提取平方和载入			旋转平方和载入		
	合计	方差贡献率/%	累计贡献率/%	合计	方差贡献率/%	累计贡献率/%	合计	方差贡献率/%	累计贡献率/%
1	3.494	34.936	34.936	3.494	34.936	34.936	3.376	33.764	33.764
2	1.893	18.928	53.865	1.893	18.928	53.865	1.866	18.657	52.421
3	1.252	12.524	66.389	1.252	12.524	66.389	1.382	13.824	66.245
4	1.182	11.816	78.205	1.182	11.816	78.205	1.196	11.960	78.205
5	0.836	8.356	86.560						
6	0.476	4.758	91.319						
7	0.411	4.106	95.425						
8	0.232	2.324	97.749						
9	0.127	1.272	99.021						
10	0.098	0.979	100.000						

根据特征值≥1且累积贡献率>75%的原则，提取了4个主成分（表4-13）。由表4-13看出，第一主成分的贡献率为33.764%，即反映的信息量占总体信息量的33.764%，主要含有有机质、全磷、有效磷、速效钾、碱解氮和阳离子交换量六项指标；第二主成分的贡献率为18.657%，该主成分是pH和电导率的综合反映；第三主成分的贡献率为13.824%，该主成分是全氮的综合反映；第四主成分反映信息量占总体信息量的11.960%，该成分是全钾的反映。

根据上述的研究结果，结合研究区实际情况，分别选取第一主成分和第二主成分包含的土壤肥力因子有机质、全磷、有效磷、速效钾、碱解氮、阳离子交换量和pH作为评价指标。采用模糊隶属度函数模型对土壤肥力质量进行评价。

表 4-13 主成分分析结果

项目指标	主成分 1	主成分 2	主成分 3	主成分 4
*X*1	0.902	0.129	0.071	0.120
*X*2	0.558	0.327	0.536	0.402
*X*3	0.635	0.485	−0.174	0.384
*X*4	−0.157	−0.206	−0.006	0.860
*X*5	0.605	−0.175	−0.126	−0.050
*X*6	−0.010	−0.007	0.968	−0.052
*X*7	0.846	−0.125	0.255	−0.262
*X*8	−0.269	0.807	−0.105	−0.168
*X*9	0.012	−0.803	−0.154	0.052
*X*10	0.819	−0.349	0.088	−0.169
特征值	3.494	1.893	1.252	1.182
贡献率/%	33.764	18.657	13.824	11.960
累计贡献率/%	33.764	52.421	66.245	78.205

由于评价因素指标之间缺乏可比性，因此需要利用隶属度函数进行归一化处理。隶属度函数实际是所要评价的肥力指标与作物生长效应曲线（S 形曲线或直线）之间关系的数学表达式，它可以将肥力评价指标标准化，转变成范围为 0～1 的无量纲值（即隶属度）。根据前人研究经验，结合研究区实际情况，确定戒上型隶属度函数作为土壤有效磷、速效钾、全氮、阳离子交换量和有机质隶属度函数。其函数表达式为：

$$f(n)=\begin{cases} 0.1 & n<n_1 \\ 0.9(n-n_1)/(n_2-n_1) & n_1 \leqslant n \leqslant n_2 \\ 1.0 & n>n_2 \end{cases} \tag{5}$$

应用上述隶属函数确定隶属度值，须先确定各评价指标的转折点 n_1、n_2。结合已有相关文献和研究区域种植制度、作物生长的实际情况，确定该隶属函数中转折点的相应取值，其中养分指标参照北京市耕地土壤养分分等定级标准，以标准中极低水平的 0.5 倍作为函数的转折点 n_1 的值，高级水平的下限值定为函数的转折点 n_2 的值，各指标隶属度函数转折点 n_1、n_2 如表 4-14 所示。

另外，农作物在 pH 值为 6.5～7.5 的土壤中生长最适宜，过高过低都会抑制作物的生长。采用经验法确定 pH 值的隶属度值如表 4-15 所示。

表 4-14 土壤肥力各项指标隶属度曲线转折点取值

评价指标	有机质/(g/kg)	全磷/(mg/kg)	有效磷/(mg/kg)	速效钾/(mg/kg)	碱解氮/(mg/kg)	阳离子交换量/(cmol/kg)
n_1	5	150	7.5	32.5	22.5	4
n_2	20	800	60	200	135	20

表 4-15 土壤 pH 值隶属度值

pH 值	<4.50	4.50～6.50	6.51～7.00	7.01～7.50	7.51～8.00	8.01～8.25	8.26～8.50
隶属度值	0.1	0.5	1	0.9	0.7	0.5	0.2

土壤样品的肥力质量综合评价指标值（IFI）的计算公式为：

$$\mathrm{IFI}=\sum P_iN_i \tag{6}$$

式中，N_i 为第 i 种评价指标的隶属度值，P_i 为第 i 种评价指标的权重系数。

参考华北平原土壤肥力质量实际情况，以土壤综合肥力指数 IFI 作为依据，按照等距法将本地区土壤肥力划分为 5 个等级（表 4-16）。

表 4-16 土壤肥力质量等级综合指标值

IFI 值	肥力水平	肥力等级
≥0.5	优	Ⅰ
0.4～0.5	良好	Ⅱ
0.3～0.4	中等	Ⅲ
0.2～0.3	较差	Ⅳ
<0.2	差	Ⅴ

4.3.2.1 对重金属和多环芳烃复合污染程度较高的土壤进行肥力评价

将各评价指标实测值代入函数公式（5），可计算出各评价指标的隶属度值（表 4-17）。隶属度值反映了评价指标隶属的程度，其值在 0.1～1.0 之间，最大值 1.0 表示土壤适宜性最好，完全适宜作物的生长，最小值 0.1 表示土壤适宜性最差，养分指标严重缺乏或不协调。

表 4-17 土壤肥力各指标隶属度值

评价指标	有机质/(g/kg)	全磷/(mg/kg)	有效磷/(mg/kg)	速效钾/(mg/kg)	碱解氮/(mg/kg)	阳离子交换量/(cmol/kg)	pH
平均值	40.169	1212.662	55.161	143.778	96.143	8.554	7.994
标准差	10.118	167.240	16.566	22.661	10.429	1.0156	0.073
隶属度值	1	1	0.917	0.698	0.689	0.356	0.7

由表4-17可以看出，阳离子交换量（0.356）最低，碱解氮（0.689）次之，表明土壤碱解氮和阳离子交换量是该地区土壤肥力质量主要的限制因子。全磷和有机质的隶属度值最高，说明该地区土壤的全磷及有机质不是限制因子。

在本研究中以特征值大于1且累积贡献率大于75%为选取主因子的条件，经过统计分析发现符合条件的主因子有3个（表4-18），通过计算各评价因子主成分的特征值和贡献率求出各项评价指标的公因子方差，其大小表示该指标对土壤肥力总体变异的贡献，由此得出各项肥力指标的权重（表4-19）。

表4-18　主成分与原变量的相关系数

项目指标	主成分		
	1	2	3
有机质	0.925	−0.025	0.348
全磷	0.925	0.015	−0.26
有效磷	0.701	0.375	0.586
速效钾	0.03	0.486	0.611
碱解氮	−0.185	0.898	0.205
阳离子交换量	0.294	0.881	0.018
pH	0.051	0.022	0.955

表4-19　各项肥力指标公因子方差及权重

指标类型	指标名称	公因子方差	权重系数
养分指标	有机质	0.978	0.159
	全磷	0.923	0.150
	有效磷	0.975	0.158
	速效钾	0.610	0.099
	碱解氮	0.882	0.144
	阳离子交换量	0.862	0.140
物理化学指标	pH	0.916	0.149

权重系数的确定是土壤质量评价过程中的重要一环。对于本次所选取的土壤肥力质量评价指标，权重系数由高到低为有机质＞有效磷＞全磷＞pH＞碱解氮＞阳离子交换量＞速效钾。其中，有机质的权重系数为0.159，有效磷的权重系数为0.158，全磷的权重系数为0.150。权重系数的确定说明有机质、有效磷和全磷在第一类研究区地块土壤肥力质量评价中影响较大。

根据上述求得的各评价指标的隶属度值和对应的权重系数，依据公式（6）可进一步计算出各土壤样品的肥力质量综合评价指标值（IFI）。经过计算，该研究地区的土壤肥力综合评价指标值（IFI）为0.723，依据肥力等级，判定为Ⅰ级土壤肥力质量。

4.3.2.2　重金属和多环芳烃污染程度中等的农田土壤肥力评价

将各评价指标实测值代入函数公式（5），可计算出各评价指标的隶属度值（表4-20）。

表4-20　土壤肥力各指标隶属度值

评价指标	有机质/(g/kg)	全磷/(mg/kg)	有效磷/(mg/kg)	速效钾/(mg/kg)	碱解氮/(mg/kg)	阳离子交换量/(cmol/kg)	pH
平均值	30.731	1057.813	37.833	176.267	95.986	8.762	7.969
标准差	11.950	90.846	13.347	46.948	25.390	2.247	0.096
隶属度值	1	1	0.620	0.872	0.688	0.368	0.7

由表4-20可以看出，阳离子交换量（0.368）最低，有效磷（0.620）次之，表明土壤有效磷和阳离子交换量是第二类土壤肥力质量主要的限制因子。全磷和有机质的隶属度值最高，说明在重金属和多环芳烃污染程度中等的农田土壤中，全磷及有机质不是限制因子。

在本研究中以特征值大于1且累计贡献率大于75％为选取主因子的条件，经过统计分析发现符合条件的主因子有2个（表4-21），通过计算各评价因子主成分的特征值和贡献率求出各项评价指标的公因子方差，其大小表示该指标对土壤肥力总体变异的贡献，由此得出各项肥力指标的权重（表4-22）。对于本次所选取的土壤肥力质量评价指标，权重系数由高到低为有效磷＞碱解氮＞全磷＞有机质＞pH＞阳离子交换量＞速效钾。其中，有效磷的权重系数为0.158，碱解氮的权重系数为0.156，全磷的权重系数为0.151。权重系数的确定说明有效磷、碱解氮和全磷在研究区地块土壤肥力质量评价中影响较大。

表4-21　主成分与原变量的相关系数

项目指标	主成分	
	1	2
有机质	0.937	0.156
全磷	0.483	0.824

续表

项目指标	主成分	
	1	2
有效磷	0.051	0.974
速效钾	0.809	0.116
碱解氮	0.929	0.271
阳离子交换量	0.859	0.283
pH	−0.895	−0.172

表 4-22　各项肥力指标公因子方差及权重

指标类型	指标名称	公因子方差	权重系数
养分指标	有机质	0.902	0.150
	全磷	0.912	0.151
	有效磷	0.951	0.158
	速效钾	0.669	0.111
	碱解氮	0.937	0.156
	阳离子交换量	0.818	0.136
物理化学指标	pH	0.831	0.138

依据公式（9）计算出各土壤样品的（IFI）。经过计算，该研究地区的土壤肥力综合评价指标值（IFI）为0.748，依据肥力等级，判定为Ⅰ级土壤肥力质量

4.3.2.3　重金属和多环芳烃污染程度较轻的农田土壤肥力评价

将各评价指标实测值代入函数公式（8），可计算出各评价指标的隶属度值（表4-23）。

表 4-23　土壤肥力各指标隶属度值

评价指标	有机质/(g/kg)	全磷/(mg/kg)	有效磷/(mg/kg)	速效钾/(mg/kg)	碱解氮/(mg/kg)	阳离子交换量/(cmol/kg)	pH
平均值	24.661	1043.919	26.751	144.103	89.936	8.258	7.936
标准差	5.588	110.599	5.629	18.911	16.893	1.685	0.138
隶属度值	1	1	0.430	0.699	0.639	0.339	0.7

由表4-23可以看出，阳离子交换量（0.339）最低，有效磷（0.430）次之，表明土壤有效磷和阳离子交换量是第三类土壤肥力质量主要的限制因子。

全磷和有机质的隶属度值最高，说明第三类土壤的全磷及有机质不是限制因子。

在本研究中以特征值大于1且累计贡献率大于75%为选取主因子的条件，经过统计分析发现符合条件的主因子有2个（表4-24），通过计算各评价因子主成分的特征值和贡献率求出各项评价指标的公因子方差，其大小表示该指标对土壤肥力总体变异的贡献，由此得出各项肥力指标的权重（表4-25）。对于本次所选取的土壤肥力质量评价指标，权重系数由高到低为阳离子交换量＞有机质＞碱解氮＞有效磷＞速效钾＞全磷＞pH。其中，阳离子交换量的权重系数为0.159，有机质的权重系数为0.155，碱解氮的权重系数为0.152。权重系数的确定说明阳离子交换量、有机质和碱解氮在第三类研究区地块土壤肥力质量评价中影响较大。

表4-24 主成分与原变量的相关系数

项目指标	主成分		
	1	2	3
有机质	0.815	0.441	0.069
全磷	0.783	−0.275	0.267
有效磷	0.109	0.868	−0.188
速效钾	0.085	0.648	0.61
碱解氮	0.895	0.157	−0.136
阳离子交换量	0.622	0.323	−0.629
pH	0.082	−0.059	0.772

表4-25 各项肥力指标公因子方差及权重

指标类型	指标名称	公因子方差	权重系数
养分指标	有机质	0.864	0.155
	全磷	0.76	0.137
	有效磷	0.801	0.144
	速效钾	0.799	0.143
	碱解氮	0.845	0.152
	阳离子交换量	0.887	0.159
物理化学指标	pH	0.606	0.109

根据上述求得的各评价指标的隶属度值和对应的权重系数，依据公式(6)计算出各土壤样品的肥力质量的IFI。经过计算，第三类地区的土壤肥力综合评价

指标值（IFI）为0.681，依据肥力等级，判定为Ⅰ级土壤肥力质量（表4-26）。

表4-26　分区土壤肥力综合评价指标值

分区	重度复合污染程度（位于污灌区中部）	中度复合污染程度（位于污灌区北部）	轻度复合污染程度（位于污灌区西南部）
IFI值	0.723	0.748	0.681

由表4-26可以看出：三地区的土壤肥力指标值均大于0.5，属于一级肥力水平，IFI值从大到小排序为中度复合污染地区（污灌区北部）＞重度复合污染地区（污灌区中部）＞轻度复合污染地区（污灌区西南部）。三地区肥力水平间存在的差异性与污灌区种植制度与耕作习惯有关，北部地区采样点主要分布在北张退水渠周边，污水中除了含有重金属、多环芳烃和盐分等污染物，还会引入外源营养物质，加之规律性的施肥作用，使该地区肥力较高；中部地区为三条污水主干渠汇集处，各种污染物的长期累积，导致土壤污染程度加大，土壤肥力质量受一定的影响；西南部地区处于污灌区下游，耕地较少，土壤肥力水平低，这与田间实地调查结果相一致。

第5章 土壤重金属和多环芳烃复合污染效应

土壤不同类型污染物复合污染的评价及所致风险是土壤学和环境科学领域前沿的关键研究问题。土壤中重金属和多环芳烃共存时会产生复杂的协同或拮抗作用从而使得重金属-多环芳烃复合毒性效应不是简单的两者加和，故土壤重金属-多环芳烃复合污染风险评价也因缺乏相应毒性参数而不能运用现有风险评价模型，与此相关的研究一直广受学者们关注。根据土壤重金属和多环芳烃复合污染不同风险对土壤进行分区分类，有助于进行土壤污染分区管控。由于土壤系统中污染物来源广且土壤性质不均一，很难直接确定重金属-多环芳烃复合污染所致风险区域。空间自相关分析可揭示土壤性质在空间上的集中和离散程度及特征。因此，利用空间自相关分析可以作为识别区域土壤重金属-多环芳烃复合污染空间集聚关系的有效辅助工具。混合线性模型充分考虑到数据聚集性的问题，可以在数据存在聚集性的时候对影响因素进行正确的估计和假设检验。不仅如此，它还可以对变异的影响因素加以分析，即哪些因素导致了数据间聚集性的出现，哪些又会导致个体间变异增大。目前，对于土壤中重金属元素和多环芳烃单体污染物的空间集聚特征和成因研究尚缺，特别是对于土壤重金属-多环芳烃复合污染的风险区划分方法更有待探索。

5.1 复合污染效应的评估方法-混合线性模型

混合线性模型（mixed linear effect model）量化土壤中重金属和多环芳烃污染的交互效应，混合线性模型是20世纪80年代初针对统计资料的非独立性而发展起来的。由于该模型的理论起源较多，根据所从事的领域、模型用途，又可称为多水平模型（multilevel model，MLM）、随机系数模型（random coefficients model，RCM）、等级线性模型（hierarchical linear model，HLM）等。由于该模型成功地解决了长期困扰统计学界的数据聚集性问题，故得到了飞速的发展，也成为SPSS等权威统计软件的标准统计分析方法之一。

混合线性模型的结构：

$$Y = X\beta + Z\Gamma + \varepsilon$$

式中，Y 表示反应变量的测量值向量，X 为固定效应自变量的设计矩阵，β 是与 X 对应的固定效应参数向量，ε 为剩余误差向量。$X\beta$ 为在 X 条件下的 Y 的平均值向量。ε 假定为独立、等方差及均值为0的正态分布，即 $\varepsilon—N(0, \sigma^2)$。用最小二乘法求参数 β 的估计值 B。Z 为随机效应变量构造的设计矩阵，其构造方式与 X 相同。Γ 为随机效应参数向量，服从均值向量为0、方差协方差矩阵为 G 的正态分布，表示为 $\Gamma—N(0, G)$，ε 为随机误差向量。

5.2 土壤重金属和多环芳烃复合污染效应评估

研究区土壤重金属和多环芳烃集聚特征的成因可能与它们的源汇及途径关系有关。源为污染物的输入源头，主要与污染物来源途径有关。汇是指容纳污染物的场所，土壤由于其对大多数污染物的吸附作用成为汇。两种污染物间“源-汇”关系构成四种组合：同源同汇、同源异汇、异源同汇和异源异汇，这些作用产生了三种效应：协同效应、拮抗效应和不显著。土壤中两种污染物如果存在显著相关性，表明它们之间可能为相同来源或共同影响因素。采用Spearman相关性分析重金属各元素与多环芳烃单体间相关性，分析结果如表5-1所示，大部分多环芳烃单体与重金属元素间均有显著相关关系，其中NaP-Cr、NaP-Zn、Ace-Cr、Flu-Pb、Phe-Cr、Ant-Cr、Pyr-Zn、BaA-Zn、BbF-Cd、BaP-Cd、BaP-Zn、BA-Zn、InP-Zn之间显著相关（$P<0.05$），Ace-Zn、Acy-Zn、Flu-Zn、Phe-Zn、Ant-Zn、Flt-Zn、BbF-Zn之间极显著相关（$P<0.01$）。

表5-1 土壤重金属与多环芳烃单体间Spearman相关性矩阵

	Cd	Hg	As	Pb	Cr	Cu	Zn
NaP	0.164	0.071	0.062	0.152	−0.230*	0.031	0.239*
Ace	0.169	0.136	0.155	0.097	−0.240*	0.16	0.352**
Acy	0.179	0.162	0.062	0.245**	−0.054	0.179	0.332**

续表

	Cd	Hg	As	Pb	Cr	Cu	Zn
Flu	0.115	0.184	0.012	0.200*	−0.126	0.095	0.316**
Phe	0.146	0.078	0.082	0.043	−0.223*	0.077	0.261**
Ant	0.133	0.184	0.107	0.127	−0.234*	0.061	0.253**
Flt	0.165	0.081	0.166	0.019	−0.306**	0.04	0.261**
Pyr	0.182	0.096	0.107	0.029	−0.322**	0.006	0.236*
BaA	0.117	0.126	0.059	0.008	−0.348**	−0.069	0.217*
Chr	0.174	0.039	0.087	−0.01	−0.341**	−0.07	0.182
BbF	0.199*	−0.016	0.147	−0.043	−0.421**	0.055	0.248**
BkF	0.17	0.024	0.162	0.015	−0.398**	0.021	0.172
BaP	0.212*	0.103	0.078	−0.02	−0.304**	0.063	0.215*
BA	0.11	0.113	0.063	0.032	−0.318**	−0.047	0.218*
InP	0.167	0.087	0.111	0.023	−0.366**	0.007	0.214*

注：*表示在0.05水平上显著相关；**表示在0.01水平上显著相关。

根据前文研究区土壤重金属和多环芳烃潜在的污染来源解析结果可知，研究区土壤重金属污染主要来自工矿企业的污水排放以及施用化肥、农药等，多环芳烃污染为工矿企业燃煤或化石燃料产生的PAHs通过大气干湿沉降和风力输送进入到土壤环境中。因此研究区土壤重金属和多环芳烃可能存在“同源同汇”作用。

为进一步研究土壤重金属和多环芳烃集聚效应，本研究运用混合效应模型进行评估。首先进行内梅罗指数 P_N 分别和重金属、多环芳烃的相关性分析，剔除相关系数 $r>0.75$ 和 $r<0.4$ 的变量，筛选出用于构建一般线性回归的数据集；然后基于 P_N 和各变量的一般线性模型结果，筛选出和 P_N 存在显著关系4种重金属Cd、Hg、Cu、Zn和5种多环芳烃BbF、BkF、BaP、BA、BP。

从多水平模型考虑，把 P_N 值、Cd、Hg、Cu、Zn、PAHs、BbF、BkF、BaP、BA、BP浓度作为固定效应变量，P_N 的污染等级和多环芳烃类型设置为随机效应变量，用混合线性模型分析，分析结果见表5-2和表5-3。

表5-2 协方差参数估计值

聚类参数	变量	标准误差	卡方值	p	组内相关系数
PAHs 5 (Intercept)	0.0491	0.137	0.36	0.72	0.00331
Class 2 (Intercept)	7.0162	10.008	0.7	0.483	0.47262
残差	7.7802				

表 5-3 固定效应的解

项目	效应值	标准误差	t	df	p	[95% CI]
Intercept	4.753	−2.131	2.23	1.6	0.184	[−6.788, 16.294]
Cd	1.418	−1.845	0.77	259.7	0.443	[−2.216, 5.052]
Hg	7.115	−0.773	9.21	259.9	<0.001***	[5.594, 8.636]
Cu	−0.052	−0.024	−2.19	259	0.029*	[−0.098, −0.005]
Zn	−0.012	−0.011	−1.08	259.3	0.28	[−0.035, 0.010]
PAHs	−1.780	−0.773	−2.3	259	0.022*	[−3.302, −0.259]
BaP	0.002	−0.622	0	259	0.997	[−1.222, 1.226]
BbF	0.334	−0.638	0.52	259	0.601	[−0.923, 1.592]
BkF	−0.122	−0.624	−0.2	259	0.845	[−1.350, 1.107]
BP	0.025	−0.622	0.04	259	0.968	[−1.200, 1.249]

P_N 的污染等级和多环芳烃类型方差估计值分别为 7.0162 和 0.0491，均无统计学意义，表示污染等级和多环芳烃分类下的变异不大（由于样本量较小的原因），比较这两个值的大小反映 P_N 值在污染等级间的差异大于在多环芳烃类别间的差异。为了更好地解释模型，仍将这两个随机效应变量保留在模型中。固定效应变量 Hg、Cu、PAHs 总量对 P_N 具有统计学意义。

图 5-1 显示，Cd、Hg、BaP、BbF、BP 对 P_N 有正向影响，即 P_N 随这几种元素浓度的增加而增加，Cu、Zn、PAHs 总量、BkF 对 P_N 有负向影响，即 P_N 随这几种元素浓度的增加而减少。因此，需要特别关注 Cd、Hg、BaP、BbF、BP 这几种污染物。

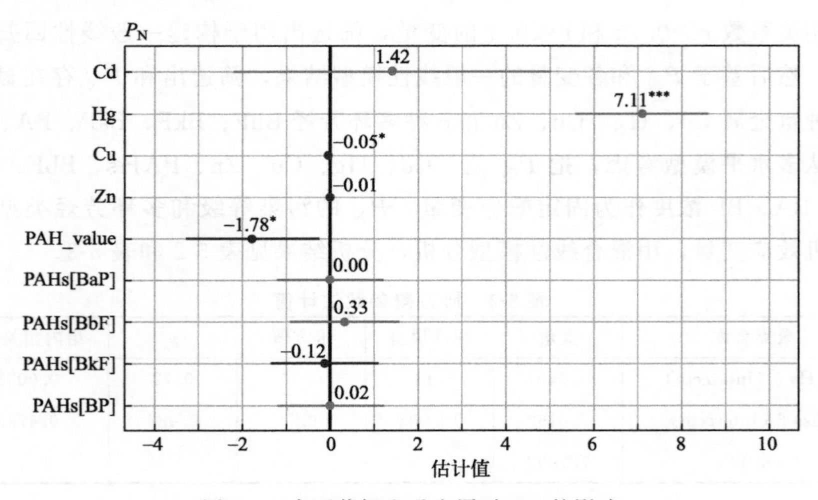

图 5-1 多环芳烃和重金属对 P_N 的影响

图 5-2A、B 显示，在严重污染等级下，Hg 浓度的增加会增加 P_N 值，Cu 浓度的增加会降低 P_N 值；在轻微污染等级下，Hg、Cu 对 P_N 的影响不明显。图 5-2C、D 显示，五种多环芳烃和 Hg、Cu 均是正相关关系，即相互协同的关系。

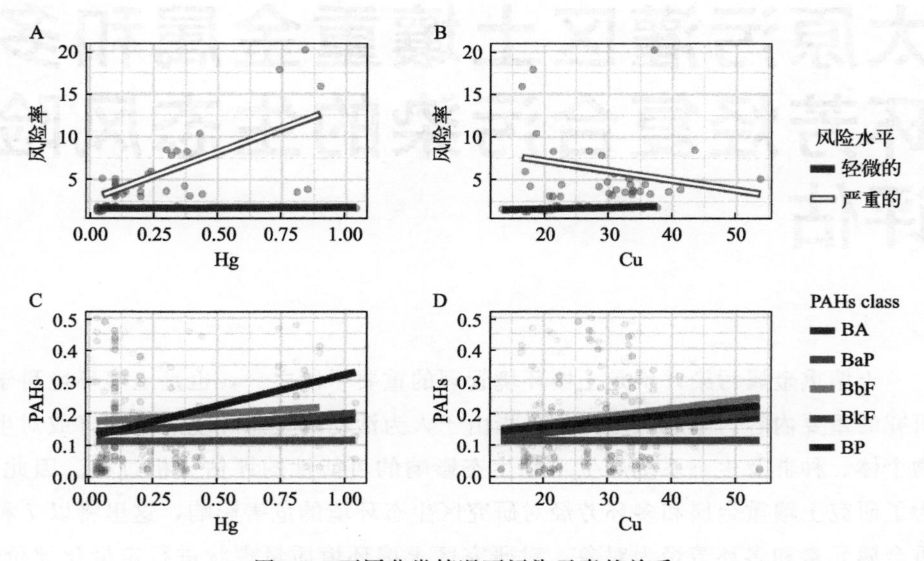

图 5-2　不同分类情况下污染元素的关系

第6章 太原污灌区土壤重金属和多环芳烃复合污染的生态风险评估

土壤重金属污染评价是土壤环境管理的重要手段之一，也是土壤环境科学研究的重要内容。生态风险评价是指由于人为活动对生态环境产生危害或对生物个体、种群及生态系统产生不利生态影响的可能性的评估分析过程。因此，为了研究土壤重金属和多环芳烃对研究区生态环境的危害影响，这里将以 7 种重金属元素和多环芳烃为对象，对研究区土壤环境质量现状进行定量化评价，确定其是否污染、污染程度和污染范围；同时对其潜在生态危害进行评价，为今后清洁农业生产、环境保护以及产业结构调整提供一定的科学依据。

6.1 评价标准与方法

6.1.1 评价模型及计算方法

本研究采用地累积指数法、单因子指数法、内梅罗综合指数法和潜在生态风险指数的方法开展土壤-作物系统重金属污染状况评价，讨论不同评价方法下的土壤重金属污染状况；采用效应区间低中值法和苯并 [a] 芘毒性等效当量法来评估研究区表层土壤中 PAHs 潜在的生态风险，讨论不同评价方法下的土壤多环芳烃污染状况。

6.1.1.1 地累积指数法

地累积指数（I_{geo}）又称 Muller 指数，反映了单一重金属元素的污染水平，在计算过程中加了岩石地质及其他因素的修正指数，充分考虑到人为活动对重金属污染的影响，其公式为：

$$I_{\text{geo}}=\log_2[C_i/(1.5\times B_i)]$$

式中，C_i 和 B_i 分别为第 i 种重金属的实测值和土壤中该重金属的地化学背景值。

6.1.1.2 单因子污染指数法

通过单因子平均，可以确定主要的重金属污染物及其危害程度。一般以污染指数来表示，以重金属含量实测值和评价标准相比除去量纲来计算污染指数，计算公式如下：

$$P_i=\frac{C_i}{S_i}$$

式中，P_i 为土壤重金属 i 的单项污染指数；C_i 是土壤重金属 i 的实测值；S_i 是重金属 i 的评价标准值，本次研究评价标准采用该重金属的土壤背景参考值和 GB 15618—2018 中的重金属风险筛选值。$P_i\leqslant 1$，表示未污染；$P_i>1$，表示被污染。

6.1.1.3 内梅罗综合指数法

由于土壤重金属污染往往是由多种不同重金属元素造成的复合污染，而单因子指数只能反映各个重金属元素的污染程度，不能全面地反映土壤的污染状况，而综合污染指数兼顾了单因子污染指数平均值和最高值，可以突出污染较重的重金属污染物的作用，计算公式如下：

$$P_{\text{N}}=\sqrt{\frac{\left(\frac{C_i}{S_i}\right)_{\text{mean}}^2+\left(\frac{C_i}{S_i}\right)_{\max}^2}{2}}$$

式中，P_{N} 为土壤重金属的内梅罗综合指数；$(C_i/S_i)_{\text{mean}}$ 和 $(C_i/S_i)_{\max}$ 分别为单因子 i 的平均污染指数和最大污染指数。

6.1.1.4 潜在生态风险指数法

由瑞典科学家 Hakanson 提出的潜在生态风险指数法（the potential ecological risk index）是根据重金属性质及环境行为特点，从沉积学角度提出来的，对土壤或沉积物中土壤重金属污染进行评价的方法。该法不仅考虑土壤重金属含量，而且综合考虑了多元素协同作用、毒性水平、污染浓度以及环境对重金属污染敏感性等因素，因此在环境风险评价中得到了广泛应用。表达式如下：

$$C_f^i = \frac{C_s^i}{C_n^i} \qquad E_r^i = T_r^i \times C_f^i$$

$$\mathrm{RI} = \sum_{i=1}^{n} E_r^i = \sum_{i=1}^{n} T_r^i \times C_f^i = \sum_{i=1}^{n} T_r^i \times \frac{C_s^i}{C_n^i}$$

式中，RI 为多元素环境风险综合指数；E_r^i 为第 i 种重金属环境风险指数；C_f^i 为重金属 i 相对参比值的污染系数；C_s^i 为重金属 i 的实测浓度；C_n^i 为重金属 i 的评价参比值；T_r^i 为重金属 i 毒性响应系数，它主要反映重金属毒性水平和环境对重金属污染的敏感程度。本研究中选取的重金属毒性响应系数分别为 Cd＝30，Hg＝40，As＝10，Pb＝5，Cr＝2，Cu＝5，Zn＝1。

6.1.1.5 效应区间低中值法

本研究采用由 Edward 等[76] 提出的质量基准法来评估本研究中 PAHs 潜在生态风险。沉积物质量基准法使用沉积物中有机物的生态效应区间低值（effects range low，ERL，生物负效应概率＜10％）和效应区间中值（effects range median，ERM，生物负效应概率＞50％）来反映沉积物质量的生态风险水平。这两个指标用于指示相应级别的生态风险，若 PAHs 单组分质量分数小于 ERL 相应值，则其对生物体几乎不产生危害或危害极小；若 PAHs 单组分质量分数在 ERL 和 ERM 相应值之间，则其只对生物体产生一定程度的危害；若 PAHs 单组分质量分数大于 ERM 相应值，则其对生物体产生危害的可能性极大。

6.1.1.6 平均效应区间中值商法

1998 年 Long 等提出了用于定量预测海洋和河口沉积物中多种污染物［金属、多氯联苯（PCBs）、PAHs 等］联合毒性的风险分析方法，即平均效应区间中值商法（MERM-Q）[77]，通过计算单组分 PAH 的 ERM-Q 求出 PAHs 的 MERM-Q，确定 PAHs 的综合生态毒性。ERM-Q 和 MERM-Q 的计算公式如下：

$$\text{ERM-Q} = \frac{\text{PAH 的浓度}}{\text{相应的 PAH 的 ERM}} \qquad \text{MERM-Q} = \frac{\sum \text{ERM} - \text{Q}_\text{s}}{\text{PAHs 的种类}}$$

式中，若 MERM-Q＜0.1，构成生态风险的可能性比较小，毒性概率＜10%；若 0.1＜MERM-Q＜0.5，则构成中低毒性，产生毒性的可能性为 30% 左右；若 0.5＜MERM-Q＜1.5，构成中高毒性，毒性概率约为 50%；若 MERM-Q＞1.5，则具有高毒性，毒性可能性约为 75%。

6.1.1.7 苯并［a］芘毒性等效当量法

为了比较和定量地表示环境样品中各 PAHs 的致癌潜力，常用毒性当量法（toxic equivalent quantity，TEQ）进行生态风险评价。因不同 PAHs 的结构和致癌作用机制类似，常以毒性最强的 BaP 为基准进行毒性换算，计算公式如下：

$$\mathrm{TEQ_s} = \sum (C_i \times \mathrm{TEF}_i)$$

式中，$\mathrm{TEQ_s}$ 为物质 i 的苯并［a］芘毒性当量浓度 $\mathrm{BaP_{eq}}$，C_i 是物质 i 的浓度，TEF_i 是物质 i 相对 BaP 的毒性当量因子。毒性当量因子越大，对应的 PAHs 单体的毒性越大。

6.1.2 评价标准与参数选择

我国于 2018 年颁布了《土壤环境质量 农用地土壤污染风险管控标准（试行）》（GB 15618—2018）[38]（表 6-1），该标准规定了农用地土壤中污染物含量低于或等于该值的，对农产品质量安全、农作物生长或土壤生态环境的风险低，一般情况下可忽略；超过该值的，对农产品质量安全、农作物生长或土壤生态环境可能存在风险，应当加强土壤环境监测和农产品协同监测。研究区土壤 pH 均值为 7.86，因此，选用土壤 pH 值大于 7.5 的对应的风险筛选值作为研究区土壤重金属污染的评价参数。

表 6-1 农用地土壤污染风险筛选值 单位：mg/kg

序号	污染物项目		风险筛选值			
			pH≤5.5	5.5＜pH≤6.5	6.5＜pH≤7.5	pH＞7.5
1	镉	水田	0.3	0.4	0.6	0.8
		其他	0.3	0.3	0.3	0.6
2	汞	水田	0.5	0.5	0.6	1.0
		其他	1.3	1.8	2.4	3.4
3	砷	水田	30	30	25	20
		其他	40	40	30	25

续表

序号	污染物项目		风险筛选值			
			pH≤5.5	5.5<pH≤6.5	6.5<pH≤7.5	pH>7.5
4	铅	水田	80	100	140	240
		其他	70	90	120	170
5	铬	水田	250	250	300	350
		其他	150	150	200	250
6	铜	果园	150	150	200	200
		其他	50	50	100	100
7	镍		60	70	100	190
8	锌		200	200	250	300

土壤重金属元素背景值也常作为土壤重金属污染评价的标准之一。人类生产活动会带入大量外源重金属元素进入土壤，累积在土壤中大于背景值而产生富集效应。利用背景值作为评价标准，可以充分辨别外界人为活动的干扰。这里将研究区背景值与农用地土壤污染风险管控标准相结合，分别得出研究区累积指数和污染指数，提高了评价结果的真实性和可信度。近年来，国内外逐步从生态风险角度评价土壤重金属的污染风险，旨在从对土壤重金属的末端控制转向风险管理。因此，本研究运用 Hankanson 潜在生态风险指数法对研究区进行潜在风险评价，为清洁农业土壤预警提供科学依据。根据前人研究结果，土壤重金属污染不同评价方法下污染等级划分标准见表 6-2。

表 6-2 土壤重金属污染等级划分标准

地累积指数法			单因子指数法		内梅罗综合指数法		潜在生态危害指数法		
I_{geo}	级数	污染程度	P_i	污染程度	P_N	污染程度	E_i	RI	污染程度
$I_{geo}\leq 0$	0	无	$P_i\leq 1$	无	$P_N\leq 0.7$	清洁	$E_i\leq 40$	RI≤150	轻微
$0<I_{geo}\leq 1$	1	无-中度	$1<P_i\leq 2$	轻微	$0.7<P_N\leq 1$	警戒	$40<E_i\leq 80$	150<RI≤300	中等
$1<I_{geo}\leq 2$	2	中度	$2<P_i\leq 3$	轻度	$1<P_N\leq 2$	轻度	$80<E_i\leq 160$	300<RI≤600	强
$2<I_{geo}\leq 3$	3	中-强度	$3<P_i\leq 5$	中度	$2<P_N\leq 3$	中度	$160<E_i\leq 320$	RI>600	很强
$3<I_{geo}\leq 4$	4	强度	$P_i>5$	重度	$P_N>3$	重度	$E_i>320$		极强
$4<I_{geo}\leq 5$	5	强-极强							
$I_{geo}>5$	6	极强							

前人在大量实验研究的基础上，提出了用于确定有机污染物的潜在生态风险效应区间低值（ERL）和效应区间中值（ERM），以此来反映生态风险标志水平，效应区间低中值法和苯并［a］芘毒性等效当量法中16种PAHs毒性当量因子（TEF）和潜在生态风险效应区间值见表6-3。

表6-3 16种PAHs的毒性当量因子和潜在生态风险效应区间值

中文名称	化合物	毒性当量因子（TEF）	效应区间低值 ERL/(ng/g)	效应区间中值 ERM/(ng/g)
萘	Nap	0.001	160	2100
苊	Ace	0.001	16	500
苊烯	Acy	0.001	44	640
芴	Flu	0.001	19	540
菲	Phe	0.001	240	1500
蒽	Ant	0.01	85.3	1100
荧蒽	Flt	0.001	600	5100
芘	Pyr	0.001	665	2600
苯并[a]蒽	BaA	0.1	261	1600
䓛	Chr	0.01	384	2800
苯并[b]荧蒽	BbF	0.1	320	1880
苯并[k]荧蒽	BkF	0.1	280	1620
苯并[a]芘	BaP	1	430	1600
茚并[123-c,d]芘	InP	0.1	—	—
二苯并[a,h]蒽	BA	1	63.4	260
苯并[g,h,i]苝	BP	0.01	430	1600

6.2 农田土壤重金属生态风险评估

6.2.1 地累积指数法

以山西省背景值为标准，应用地累积指数法（I_{geo}）对太原市小店区、晋源区和清徐县的污灌土壤重金属污染进行评价。图6-1显示了不同研究区污灌农田土壤中重金属的地累积指数的比较结果。

从地累积指数来看，小店区土壤重金属污染的强弱为Cd＞Hg＞Zn＞Cu＞As＞Pb＞Cr，其中Pb和Cr的污染程度是无污染，Hg、Zn、Cu、As的污染

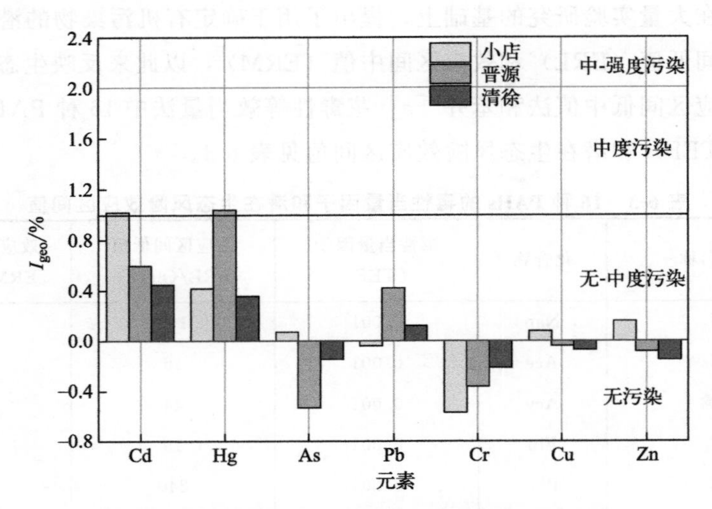

图 6-1　不同研究区域土壤重金属地累积指数比较

程度是无-中度污染，Cd 的污染程度是中度污染；晋源区土壤重金属污染的强弱为 Hg＞Cd＞Pb＞Cu＞Zn＞Cr＞As，其中 Cr、Zn、Cu、As 的污染程度是无污染，Pb、Cd 的污染程度是无-中度污染，Hg 的污染程度是中度污染；清徐县土壤重金属污染的强弱为 Cd＞Hg＞Pb＞Cu＞As＞Zn＞Cr，其中 Cr、Zn、Cu、As 的污染程度是无污染，Cd、Hg 、Pb 的污染程度是无-中度污染。就不同区域来看，土壤重金属 Cd 表现为小店区＞晋源区＞清徐县，土壤 Hg 表现为晋源区＞小店区＞清徐县，As 表现为小店区＞清徐县＞晋源区，Pb 表现为晋源区＞清徐县＞小店区，Cr 表现为清徐县＞晋源区＞小店区，Cu 表现为小店区＞晋源区＞清徐县，Zn 表现为小店区＞晋源区＞清徐县。因此，Cd、Hg 的地累积指数相对较高，均为无-中度污染或中度污染；小店区有 4 种重金属的地累积指数最大，晋源区有 2 种重金属的地累积指数最大。

不同区域不同污染程度的样品比例见表 6-4。研究区中，仅小店区的 Cd 和晋源区的 Hg 地累积指数大于 1，属于中度污染，但在采样点位中，有个别点位的地累积指数污染达到中度污染以上。小店区的 Cd 地累积指数达到中度污染的点位占比 25.71%，且存在 8.75%的点位地累积指数达到中-强度污染；Hg 地累积指数达到中度污染的点位占比 25.71%，且存在 2.86%的点位地累积指数达到中-强度污染。晋源区的 Cd 地累积指数达到中度污染的点位占比 25.71%；Hg 地累积指数达到中度污染的点位占比 28.57%，且存在 5.71%的点位达到中-强度污染，5.71%的点位达到强度污染，5.71%的点位达到强-极强污染。清徐县的Cd地累积指数达到中度污染的点位占比20.00%，且存在2.86%的点位地累积指数达到中-强度污染；Hg地累积指数达到中度污染的点位占比8.57%，且存在8.57%的点位达到中-强度污染；Pb地累积指数达到中度污染的点位占比2.86%。

表6-4 土壤重金属地累积指数法评价结果

地区	元素	I_{geo}	超标率/%						
			$I_{geo}\leqslant 0$	$0<I_{geo}\leqslant 1$	$1<I_{geo}\leqslant 2$	$2<I_{geo}\leqslant 3$	$3<I_{geo}\leqslant 4$	$4<I_{geo}\leqslant 5$	$I_{geo}>5$
			无	无-中度	中度	中-强度	强度	强-极强	极强
小店区	Cd	−0.13～2.51	2.86	62.86	25.71	8.57	0.00	0.00	0.00
	Hg	−1.17～2.90	40.00	31.43	25.71	2.86	0.00	0.00	0.00
	As	−0.55～1.23	37.14	60.00	2.86	0.00	0.00	0.00	0.00
	Pb	−1.07～1.03	62.86	34.29	2.86	0.00	0.00	0.00	0.00
	Cr	−0.96～0.22	97.14	2.86	0.00	0.00	0.00	0.00	0.00
	Cu	−0.59～0.88	31.43	68.57	0.00	0.00	0.00	0.00	0.00
	Zn	−0.63～0.77	25.71	74.29	0.00	0.00	0.00	0.00	0.00
晋源区	Cd	−0.26～1.32	11.43	62.86	25.71	0.00	0.00	0.00	0.00
	Hg	−4.99～4.22	17.14	37.14	28.57	5.71	5.71	5.71	0.00
	As	−7.60～0.36	74.29	25.71	0.00	0.00	0.00	0.00	0.00
	Pb	−0.41～0.94	8.57	91.43	0.00	0.00	0.00	0.00	0.00
	Cr	−0.84～0.10	88.57	11.43	0.00	0.00	0.00	0.00	0.00
	Cu	−0.88～0.59	48.57	51.43	0.00	0.00	0.00	0.00	0.00
	Zn	−0.58～0.78	57.14	42.86	0.00	0.00	0.00	0.00	0.00
清徐县	Cd	−2.19～2.16	20.00	71.43	20.00	2.86	0.00	0.00	0.00
	Hg	0.01～0.12	40.00	57.14	8.57	8.57	0.00	0.00	0.00
	As	0.28～0.73	74.29	40.00	0.00	0.00	0.00	0.00	0.00
	Pb	0.09～0.25	45.71	65.71	2.86	0.00	0.00	0.00	0.00
	Cr	0.19～0.39	97.14	17.14	0.00	0.00	0.00	0.00	0.00
	Cu	0.13～0.54	65.71	48.57	0.00	0.00	0.00	0.00	0.00
	Zn	0.14～0.42	77.14	37.14	0.00	0.00	0.00	0.00	0.00

冯英等[78]的综述性研究表明我国蔬菜地土壤主要污染元素为Cd、Hg、Pb、As、Cr等，而南方某蔬菜菜地土壤Cd、Hg、Cr、Pb、As等5种重金属均有不同程度累积，以Cd和Hg富集最严重，均超过当地背景值，且工矿区、污水排灌区和城郊土壤Cd均超过农用地土壤污染风险管控标准值（GB

15618—2018)[79]。张鹏帅等[80]在福州市郊蔬菜地发现土壤中Cd存在较高的生态风险，孟敏等[81]的调查发现我国设施农田土壤Cd含量超标最严重，其次是Pb，其在南部地区的超标率分别为41.7%和33.3%，地累积指数评价结果显示我国设施农田土壤Cd污染最严重，其次为Hg污染，进一步分析发现我国设施农田土壤重金属来源以肥料，尤其是畜禽粪便有机肥为主。

6.2.2 单因子污染指数法

图6-2显示了不同研究区域土壤重金属单因子污染指数（P_i）比较结果，表6-5显示了不同研究区域土壤重金属单因子污染指数评价结果。结果表明，以山西省背景值为评价标准时，小店区土壤重金属Cd的单因子污染指数平均值为3.40，属于中度污染；Hg的单因子污染指数平均值为2.48，属于轻度污染；As、Pb、Cr、Cu和Zn的单因子污染指数平均值介于1～2之间，均属于轻微污染；这7种重金属元素超标率为Cd＝As＞Cu＝Zn＞Pb＝Hg＞Cr，超标率分别达到了100%、100%、97.14%、97.14%、91.43%、91.43%、45.71%，土壤中Cd、Hg、As、Pb、Cu、Zn的累积富集情况较Cr严重。晋源区土壤重金属Hg的单因子污染指数平均值为5.28，属于重度污染；Cd、Pb的单因子污染指数平均值为2.40、2.06，属于轻度污染；As、Cr、Cu和Zn的单因子污染指数平均值介于1～2之间，均属于轻微污染；这7种重金属元素超标

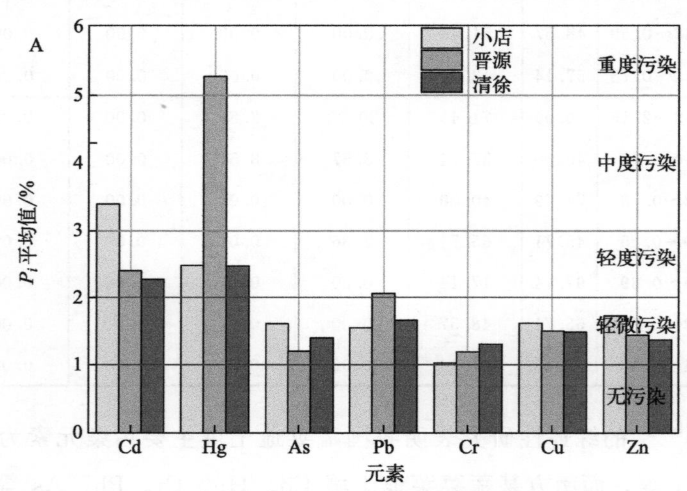

图6-2 不同研究区域土壤重金属单因子污染指数比较
（以山西省背景值为评价标准）

表 6-5 土壤重金属单因子污染指数评价

地区	元素	以山西省土壤背景值为参考		以国家农用地土壤污染风险筛选值为参考	
		P_i	超标率/%	P_i	超标率/%
小店区	Cd	1.38～8.56	100.00	0.18～1.14	2.86
	Hg	0.67～11.19	91.43	0.01～0.10	0.00
	As	1.03～3.52	100.00	0.31～1.07	2.86
	Pb	0.71～3.06	91.43	0.06～0.25	0.00
	Cr	0.77～1.75	45.71	0.18～0.40	0.00
	Cu	1.00～2.76	97.14	0.18～0.51	0.00
	Zn	0.98～2.56	97.14	0.18～0.48	0.00
晋源区	Cd	1.26～3.74	100.00	0.17～0.50	0.00
	Hg	0.05～27.99	97.14	0.00～0.25	0.00
	As	0.01～1.93	65.71	0.00～0.59	0.00
	Pb	1.13～2.89	100.00	0.09～0.23	0.00
	Cr	0.84～1.61	74.29	0.19～0.37	0.00
	Cu	0.82～2.27	85.71	0.15～0.42	0.00
	Zn	1.00～2.58	100.00	0.19～0.48	0.00
清徐县	Cd	0.33～6.72	92.50	0.04～0.90	0.00
	Hg	0.69～11.43	95.00	0.01～0.12	0.00
	As	0.93～2.39	95.00	0.28～0.73	0.00
	Pb	1.15～3.04	100.00	0.09～0.25	0.00
	Cr	0.84～1.69	95.00	0.19～0.39	0.00
	Cu	0.73～2.92	87.50	0.13～0.54	0.00
	Zn	0.76～2.22	95.00	0.14～0.42	0.00

率为 Cd＝Pb＝Zn＞Hg＞Cu＞Cr＞As，超标率分别达到了 100%、100%、100%、97.14%、85.71%、74.29%、65.71%，土壤中 Cd、Pb、Zn、Hg 的累积富集情况较 As、Cu、Cr 严重。清徐县土壤重金属 Cd、Hg 的单因子污染指数平均值为 2.27、2.47，属于轻度污染；As、Pb、Cr、Cu 和 Zn 的单因子污染指数平均值介于 1～2 之间，均属于轻微污染；这 7 种重金属元素超标率为 Pb＞Hg＝Cr＝As＝Zn＞Cd＞Cu，超标率分别达到了 100%、95%、95%、95%、95%、92.50%、87.50%，土壤中 Cd、Hg、As、Pb、Cr、Zn 的累积

富集情况较 Cu 严重。综上所述，Cd、Hg 两种元素单因子污染指数平均值高于较其他元素，且小店区有 4 种元素的单因子污染指数平均值高于晋源和清徐，清徐县有 5 种元素的单因子污染指数平均值最低。

以国家农用地土壤污染风险筛选值（GB 15618—2018）为评价标准时，小店区、晋源区和清徐县污灌土壤 7 种重金属的单因子污染指数平均值介于 0～1 之间，均属于无污染。但小店区的 Cd 和 As 仍有部分土壤样品超标，超标率均为 2.86%（图 6-3，表 6-5）。

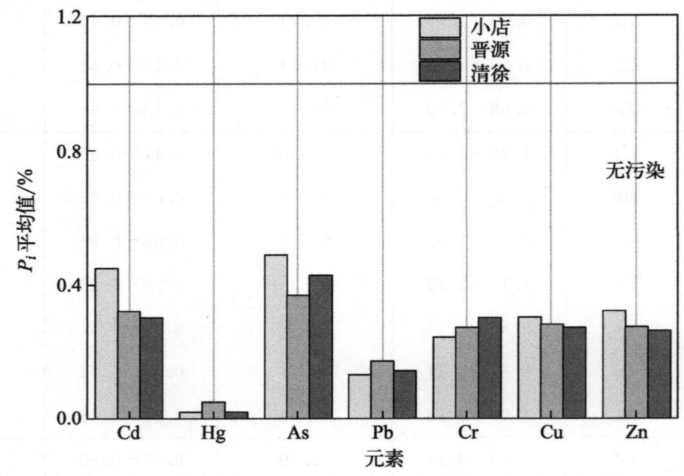

图 6-3　不同研究区域土壤重金属单因子污染指数比较

（以国家农用地土壤污染风险筛选值为评价标准）

表 6-6、表 6-7、表 6-8 分别显示了小店区、晋源区和清徐县土壤重金属单因子污染指数的统计分析结果。总体上，以山西省背景值为评价标准时，小店区土壤样品 Cd、Hg 的单因子污染指数的超标率在不同污染等级均有分布，Cr 的单因子污染指数的超标率基本为无～轻微等级，其他金属元素单因子污染指数的超标率大多分布在轻微～轻度等级。晋源区 Hg 的单因子污染指数的超标率在不同污染等级均有分布，其他金属元素单因子污染指数的超标率大多分布在轻微～轻度等级。清徐县土壤样品 Cd、Hg 的单因子污染指数的超标率在不同污染等级均有分布，其他金属元素单因子污染指数的超标率大多分布在轻微等级。以国家农用地土壤污染风险筛选值（GB 15618—2018）为评价标准时，小店区、晋源区和清徐县 7 种金属的单因子污染指数的超标率基本分布在无污染的等级。

表 6-6 小店区土壤重金属单因子污染指数统计分析

元素	标准	超标率/%				
		$P_i \leqslant 1$	$1 < P_i \leqslant 2$	$2 < P_i \leqslant 3$	$3 < P_i \leqslant 5$	$P_i > 5$
		无	轻微	轻度	中度	重度
Cd	背景值	0	17.14	48.57	14.29	20
	筛选值	97.14	2.86	0	0	0
Hg	背景值	8.57	40	22.86	25.71	2.86
	筛选值	100	0	0	0	0
As	背景值	0	91.43	5.71	2.86	0
	筛选值	97.14	2.86	0	0	0
Pb	背景值	8.57	71.43	17.14	2.86	0
	筛选值	100	0	0	0	0
Cr	背景值	54.29	45.71	0	0	0
	筛选值	100	0	0	0	0
Cu	背景值	2.86	85.71	11.43	0	0
	筛选值	100	0	0	0	0
Zn	背景值	2.86	68.57	28.57	0	0
	筛选值	100	0	0	0	0

表 6-7 晋源区土壤重金属单因子污染指数统计分析

元素	标准	超标率/%				
		$P_i \leqslant 1$	$1 < P_i \leqslant 2$	$2 < P_i \leqslant 3$	$3 < P_i \leqslant 5$	$P_i > 5$
		无	轻微	轻度	中度	重度
Cd	背景值	0	40	34.29	25.71	0
	筛选值	100	0	0	0	0
Hg	背景值	2.86	28.57	22.86	25.71	20
	筛选值	100	0	0	0	0
As	背景值	34.29	65.71	0	0	0
	筛选值	100	0	0	0	0
Pb	背景值	0	48.57	51.43	0	0
	筛选值	100	0	0	0	0
Cr	背景值	25.71	74.29	0	0	0
	筛选值	100	0	0	0	0
Cu	背景值	14.29	68.57	17.14	0	0
	筛选值	100	0	0	0	0
Zn	背景值	0	97.14	2.86	0	0
	筛选值	100	0	0	0	0

表 6-8 清徐县土壤重金属单因子污染指数统计分析

元素	标准	超标率/%				
		$P_i \leqslant 1$	$1 < P_i \leqslant 2$	$2 < P_i \leqslant 3$	$3 < P_i \leqslant 5$	$P_i > 5$
		无	轻微	轻度	中度	重度
Cd	背景值	7.5	35	37.5	17.5	2.5
	筛选值	100	0	0	0	0
Hg	背景值	5	67.5	12.5	5	10
	筛选值	100	0	0	0	0
As	背景值	5	85	10	0	0
	筛选值	100	0	0	0	0
Pb	背景值	0	82.5	15	2.5	0
	筛选值	100	0	0	0	0
Cr	背景值	5	95	0	0	0
	筛选值	100	0	0	0	0
Cu	背景值	12.5	77.5	10	0	0
	筛选值	100	0	0	0	0
Zn	背景值	5	92.5	2.5	0	0
	筛选值	100	0	0	0	0

6.2.3 内梅罗综合指数法

研究区域土壤重金属内梅罗综合污染指数评价结果见表 6-9。结果表明，以山西省背景值为评价标准时，小店区、晋源区和清徐县内梅罗综合指数的平均值分别为 2.94、4.19 和 2.45，污染等级分别为中度、重度和中度。其中晋源区大部分地区，小店区北部和东南部，清徐县西北部为重度污染，以国家农用地土壤污染风险筛选值（GB 15618—2018）为评价标准时，小店区、晋源区和清徐县内梅罗综合指数的平均值分别为 0.42、0.31 和 0.32，污染等级均为无污染。

表 6-9 土壤重金属内梅罗综合污染指数评价

地区	标准	P_N	$\overline{P}_N$	污染程度
小店区	背景值	1.82～8.15	2.94	中度
	筛选值	0.24～0.81	0.42	无
晋源区	背景值	1.52～42.97	4.19	重度
	筛选值	0.21～0.44	0.31	无
清徐县	背景值	1.18～9.92	2.45	中度
	筛选值	0.21～0.63	0.32	无

图 6-4 显示了不同研究区土壤重金属综合污染等级比例。从图中可以看出，以山西省背景值为评价标准时，小店区呈轻度污染、中度污染、重度污染的样品比例分别是 2.9%、31.4%、65.7%，表明小店区土壤重金属总体累积情况以中、重度为主；晋源区呈轻度污染、中度污染、重度污染的样品比例分别是 5.7%、28.6%、65.7%，表明晋源区土壤重金属总体累积情况同样以中、重度为主；清徐县呈轻度污染、中度污染、重度污染的样品比例分别是 37.5%、25%、37.5%，表明清徐县土壤重金属总体累积情况相对小店区和晋源区较轻。从重金属内梅罗综合指数平均值来看，小店区和清徐县均为中度污染，晋源区属于重度污染。

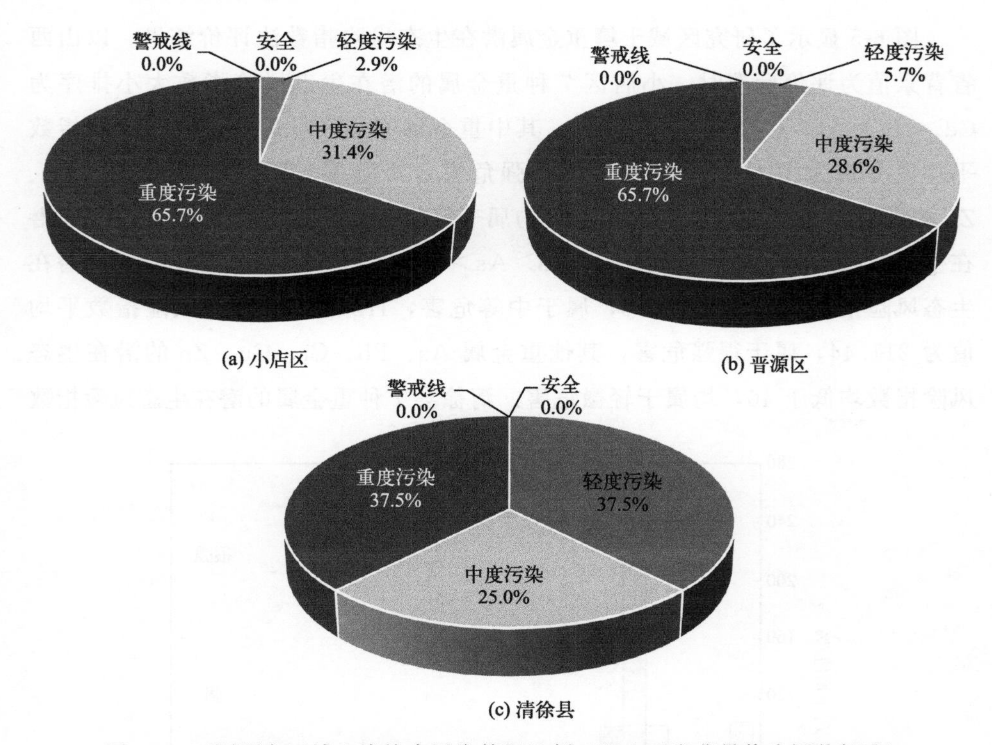

图 6-4　不同研究区域土壤综合污染等级比例（以山西省背景值为评价标准）

以国家农用地土壤污染风险筛选值（GB 15618—2018）为评价标准时，晋源区和清徐县土壤重金属污染程度均是安全，占样品总数的 100%；小店区重金属污染程度主要是安全，占样品总数的 92.43%，但仍有部分样品属于警戒线，占样品总数的 8.57%。

土壤性质、气候、灌溉水源、施肥水平等因素影响着农田土壤和作物重金属累积[82]。以背景值为标准，内梅罗综合污染指数表明小店区、晋源区和清徐分别存在 65.7%、65.7%、和 37.5%的重度污染；以筛选值为参比时，只有小店区有 8.57%达到警戒水平，其他地区属于清洁水平。龚梦丹等[83]对杭州市调查发现该地区蔬菜地土壤重金属的综合累积程度多为中高度累积，综合潜在生态风险处于中等水平，且其 Cd 的单项累积程度相对较高。胡世玮等[84]对杨凌地区的 19 个蔬菜地发现本区域污总体评价为中等程度污染，重金属污染风险的主要来源是 Pb 和 Hg，与本研究区结果相似。

6.2.4 单项重金属潜在生态风险指数法

图 6-5 显示了研究区域土壤重金属潜在生态风险指数法评价结果。以山西省背景值为评价标准时，小店区 7 种重金属的潜在生态风险指数大小排序为 Cd>Hg>As>Cu>Pb>Cr>Zn，其中重金属 Cd、Hg 的潜在生态风险指数平均值分别为 101.87、99.29，属于强危害，其他重金属 As、Pb、Cr、Cu、Zn 的潜在生态风险指数均低于 40，均属于轻微危害。晋源区 7 种重金属的潜在生态风险指数大小排序为 Hg>Cd>As>Pb>Cu>Cr>Zn，土壤 Cd 的潜在生态风险指数平均值为 72.03，属于中等危害，Hg 的潜在生态风险指数平均值为 211.44，属于很强危害，其他重金属 As、Pb、Cr、Cu、Zn 的潜在生态风险指数均低于 40，均属于轻微危害。清徐县 7 种重金属的潜在生态风险指数

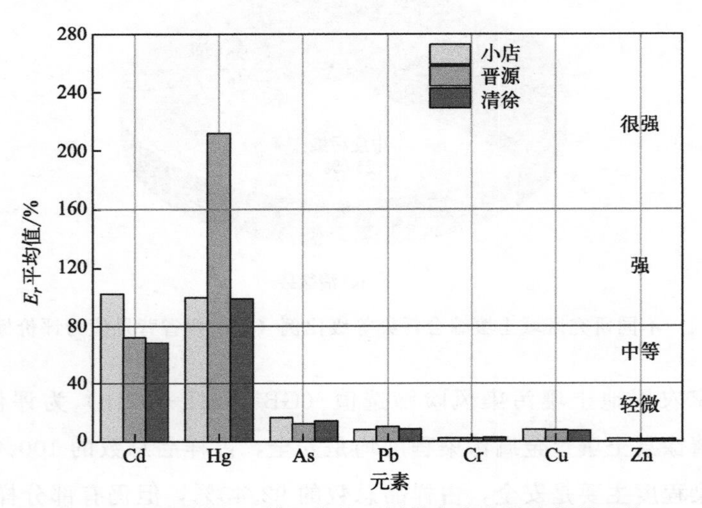

图 6-5 不同研究区域土壤重金属潜在生态风险指数比较

（以山西省背景值为评价标准）

大小排序为 Hg＞Cd＞As＞Pb＞Cu＞Cr＞Zn，土壤重金属 Cd 的潜在生态风险指数平均值为 68.18，属于中等危害，Hg 的潜在生态风险指数平均值为 98.91，属于强危害，其他重金属 As、Pb、Cr、Cu、Zn 的潜在生态风险指数均低于 40，均属于轻微危害。总体来看，Cd 和 Hg 的潜在生态风险指数较高，属于中等～很强危害等级；Cd 的潜在生态风险指数为小店区＞晋源区＞清徐县；Hg 的潜在生态风险指数为晋源区＞清徐县＞小店区。

以国家农用地土壤污染风险筛选值（GB 15618—2018）为评价标准时，小店区、晋源区和清徐县污灌土壤 7 种重金属的潜在生态风险指数平均值均小于 40，属于轻微危害，潜在风险较低（图 6-6）。

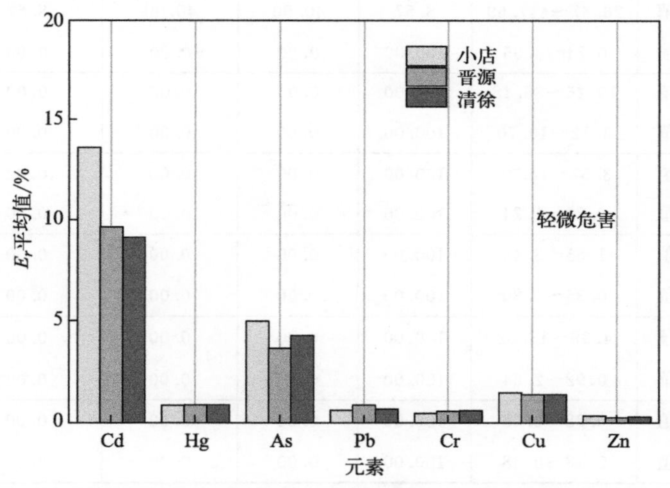

图 6-6　不同研究区域土壤重金属潜在生态风险指数比较

（以国家农用地土壤污染风险筛选值为评价标准）

表 6-10、表 6-11、表 6-12 分别对小店区、晋源和清徐土壤单项重金属潜在生态风险指数进行了统计分析。小店区 Cd 强危害、很强危害和极强危害的比例分别是 37.14%、17.14% 和 0%，属于强危害及其以上的达到 54.28%；Hg 强危害、很强危害和极强危害的比例分别是 40.00%、8.57% 和 2.86%，属于强危害及其以上程度的达到 51.43%，说明小店区土壤重金属 Cd、Hg 污染相对较强。晋源区 Cd 强危害、很强危害和极强危害的比例分别是 0%、0% 和 40.00%，属于强危害及其以上的达到 40.00%；金属 Hg 强危害、很强危害和极强危害的比例分别是 34.43%、17.14% 和 14.29%，属于强危害及其以上的达到 65.86%，说明晋源区土壤重金属 Cd、Hg 污染比较严重。清徐县金

属Cd强危害、很强危害和极强危害的比例分别是32.5%、2.50%和0%，属于强危害及其以上的达到35.00%；Hg强危害、很强危害和极强危害的比例分别是17.50%、5.00%和7.50%，其中强危害及其以上污染程度达到30.00%，因此，清徐县土壤重金属Cd、Hg污染比小店和晋源区污染程度轻。

表6-10 小店区土壤单项重金属潜在生态风险指数统计分析

元素	标准	E_r	超标率/%				
			$E_i \leqslant 40$	$40 < E_i \leqslant 80$	$80 < E_i \leqslant 160$	$160 < E_i \leqslant 320$	$E_i > 320$
			轻微	中等	强	很强	极强
Cd	背景值	41.25～256.88	0.00	45.71	37.14	17.14	0.00
	筛选值	5.50～34.25	100.00	0.00	0.00	0.00	0.00
Hg	背景值	26.67～447.69	8.57	40.00	40.00	8.57	2.86
	筛选值	0.24～3.95	100.00	0.00	0.00	0.00	0.00
As	背景值	10.26～35.18	100.00	0.00	0.00	0.00	0.00
	筛选值	3.12～10.70	100.00	0.00	0.00	0.00	0.00
Pb	背景值	3.57～15.29	100.00	0.00	0.00	0.00	0.00
	筛选值	0.29～1.24	100.00	0.00	0.00	0.00	0.00
Cr	背景值	1.55～3.49	100.00	0.00	0.00	0.00	0.00
	筛选值	0.35～0.80	100.00	0.00	0.00	0.00	0.00
Cu	背景值	4.99～13.82	100.00	0.00	0.00	0.00	0.00
	筛选值	0.92～2.54	100.00	0.00	0.00	0.00	0.00
Zn	背景值	0.98～2.56	100.00	0.00	0.00	0.00	0.00
	筛选值	0.18～0.48	100.00	0.00	0.00	0.00	0.00

表6-11 晋源区土壤单项重金属潜在生态风险指数统计分析

元素	标准	E_r	超标率/%				
			$E_i \leqslant 40$	$40 < E_i \leqslant 80$	$80 < E_i \leqslant 160$	$160 < E_i \leqslant 320$	$E_i > 320$
			轻微	中等	强	很强	极强
Cd	背景值	37.66～112.33	2.86	57.14	40.00	0.00	0.00
	筛选值	5.02～14.98	100.00	0.00	0.00	0.00	0.00
Hg	背景值	1.89～1119.42	2.86	34.29	31.43	17.14	14.29
	筛选值	0.02～9.88	100.00	0.00	0.00	0.00	0.00
As	背景值	0.08～19.25	100.00	0.00	0.00	0.00	0.00
	筛选值	0.02～5.85	100.00	0.00	0.00	0.00	0.00
Pb	背景值	5.65～14.43	100.00	0.00	0.00	0.00	0.00
	筛选值	0.46～1.17	100.00	0.00	0.00	0.00	0.00

续表

元素	标准	E_r	超标率/%				
			$E_i \leqslant 40$	$40 < E_i \leqslant 80$	$80 < E_i \leqslant 160$	$160 < E_i \leqslant 320$	$E_i > 320$
			轻微	中等	强	很强	极强
Cr	背景值	1.68～3.22	100.00	0.00	0.00	0.00	0.00
	筛选值	0.38～0.74	100.00	0.00	0.00	0.00	0.00
Cu	背景值	4.08～11.33	100.00	0.00	0.00	0.00	0.00
	筛选值	0.75～2.08	100.00	0.00	0.00	0.00	0.00
Zn	背景值	1.00～2.58	100.00	0.00	0.00	0.00	0.00
	筛选值	0.19～0.48	100.00	0.00	0.00	0.00	0.00

表 6-12 清徐土壤单项重金属潜在生态风险指数统计分析

元素	标准	E_r	超标率/%				
			$E_i \leqslant 40$	$40 < E_i \leqslant 80$	$80 < E_i \leqslant 160$	$160 < E_i \leqslant 320$	$E_i > 320$
			轻微	中等	强	很强	极强
Cd	背景值	9.88～201.59	15.00	50.00	32.50	2.50	0.00
	筛选值	1.32～26.88	100.00	0.00	0.00	0.00	0.00
Hg	背景值	27.63～457.34	5.00	65.00	17.50	5.00	7.50
	筛选值	0.24～4.04	100.00	0.00	0.00	0.00	0.00
As	背景值	9.26～23.92	100.00	0.00	0.00	0.00	0.00
	筛选值	2.82～7.27	100.00	0.00	0.00	0.00	0.00
Pb	背景值	5.77～15.22	100.00	0.00	0.00	0.00	0.00
	筛选值	0.47～1.24	100.00	0.00	0.00	0.00	0.00
Cr	背景值	1.67～3.37	100.00	0.00	0.00	0.00	0.00
	筛选值	0.38～0.77	100.00	0.00	0.00	0.00	0.00
Cu	背景值	3.63～14.60	100.00	0.00	0.00	0.00	0.00
	筛选值	0.67～2.69	100.00	0.00	0.00	0.00	0.00
Zn	背景值	0.76～2.22	100.00	0.00	0.00	0.00	0.00
	筛选值	0.14～0.42	100.00	0.00	0.00	0.00	0.00

6.2.5 综合潜在生态风险指数法

表 6-13 显示了研究区域土壤重金属综合潜在生态危害指数评价结果，结果显示，以山西省背景值为评价标准时，小店区和清徐县土壤均为中等危害，晋源区属于强危害。三个区域大部分区域土壤为中等危害，其中晋源区西南部

大部分地区、清徐县北部和中部部分地区和小店区中部部分地区为强危害。以国家农用地土壤污染风险筛选值（GB 15618—2018）为评价标准时，小店区、晋源区和清徐县均为轻微危害。

表 6-13　土壤重金属综合潜在生态危害指数评价

地区	标准	RI	$\overline{RI}$	污染程度
小店区	背景值	122.91～748.31	237.13	中等危害
	筛选值	15.65～46.67	22.32	轻微危害
晋源区	背景值	102.55～1197.61	317.29	强危害
	筛选值	11.82～23.32	18.2	轻微危害
清徐县	背景值	105.67～560.03	200.9	中等危害
	筛选值	8.77～36.45	17.13	轻微危害

图 6-7 显示了研究区域土壤重金属综合潜在生态危害等级比例分布情况。从表中可以看出，以山西省背景值为评价标准时，小店区呈强危害和很强危害

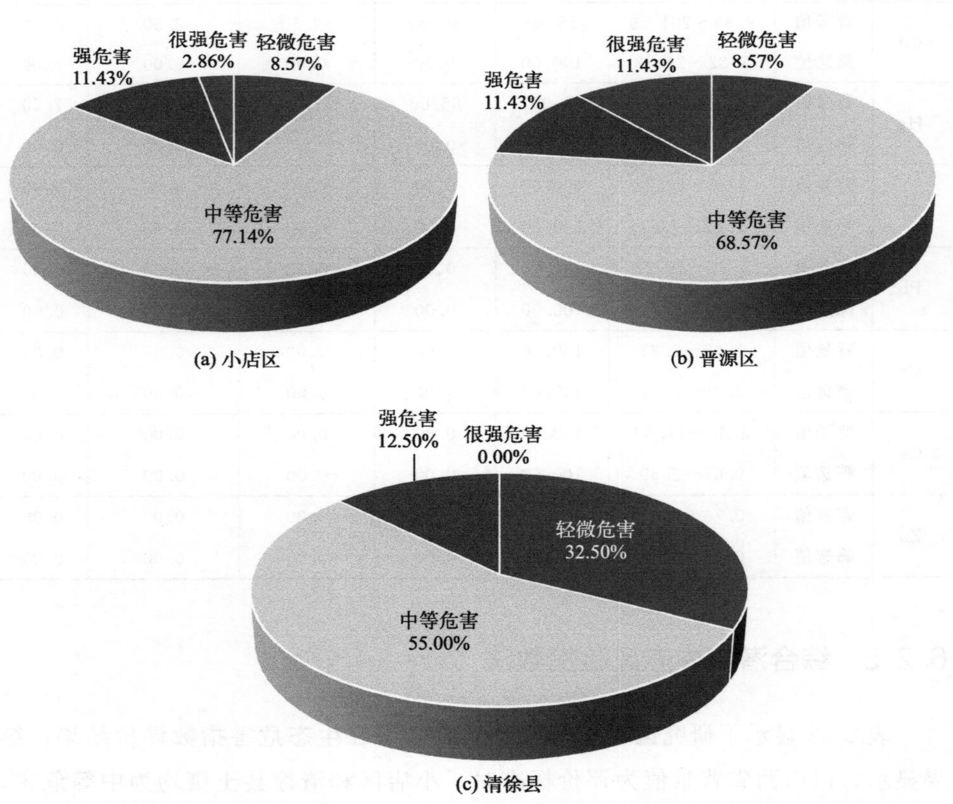

图 6-7　不同研究区域土壤综合潜在生态危害等级比例（以山西省背景值为评价标准）

的样品比例分别是11.43%和2.86%，晋源区呈分别是11.43%和11.43%，清徐县分别是12.50%和0.00%；从强危害及其以上的样品比例来看，三个研究区的污染情况从大到小排序为晋源区>小店区>清徐县。以国家农用地土壤污染风险筛选值（GB 15618—2018）为评价标准时，小店区、晋源区和清徐县土壤样品100%均呈现轻微危害，潜在风险较低。

总体上，小店和晋源区污染程度和潜在生态风险相对较重，清徐县污染程度较轻，但仍存在污染增加的趋势。常文静等认为高强度城市化和工业化过程，是各种重金属污染区域分异和功能区分异的决定性因素，人为活动将城市分割成不同功能区如商业区、住宅区、工业区、郊区等，并由此带来不同重金属污染类型[85]。黄国勤对江西省城市近郊区、工业园区及乡镇企业等较为发达区域的调查发现周边耕地As、Cd、Hg超标，主要受污水灌溉和干湿沉降影响，其中重金属Cd、Hg还受交通影响[86]。本研究地累积指数法、单因子污染指数法和单项重金属潜在生态风险指数主要反映了单一重金属元素的污染水平，内梅罗综合指数法和综合潜在生态危害指数法综合了多种重金属，并考虑土壤中重金属的含量、种类、毒性水平及环境。

本研究中，污灌区的污水主要来自生活污水以及部分工业污水，污水中携带大量的重金属，随着灌溉进入农田土壤中。此外，不合理的农药、化肥使用以及人类活动进一步加剧当地农田重金属污染，需要注意重金属污染程度加重的趋势。

综上，研究区农田土壤重金属污染程度和生态风险呈加重趋势，以当地背景值为评价标准，重金属Cd和Hg相对较重。不同区域重金属污染不同，主要表现为小店区和清徐县土壤重金属污染程度为中等，晋源区较重。因此，针对土壤重金属污染严重地区，需要隔离污染源，禁止污水灌溉和垃圾肥，避免农药、含重金属化肥和动物粪肥等使用，远离道路降低汽车尾气影响；重度污染地区改变种植结构，种植苗木、花卉、果树等经济作物，中轻度污染地区使用低积累品种；有条件地区进行土壤重金属修复。

6.3 农田土壤多环芳烃生态风险评估

6.3.1 效应区间低中值法

表6-14显示了研究区土壤中16种PAHs的效应区间低中值法的潜在生态

风险评估结果，根据各 PAHs 对应的环境影响低值（ERL）和环境影响中值(ERM)，对比小店区土壤中 PAHs 含量范围进行分析。小店区污灌区土壤中 16 种 PAHs，苊、芴和二苯并［a,h］蒽这三种多环芳烃均有点位高于 ERM，说明这三种多环芳烃对生物体产生危害的可能性极大，对生态的有害毒副作用大于 50%，高于 ERM 样品的比例从高到低为苊＝二苯并［a,h］蒽＞芴；茚并［123-c,d］芘没有最低安全值，但在各点位均有检出，它只要存在就会对生物产生生态危害作用，应当引起关注；其他 12 种 PAHs 的含量均有点位介于 ERL 和 ERM 之间，它们会对生态产生一定程度的危害，对生态环境具有中低等的毒害副作用。

表 6-14　小店区土壤中 16 种 PAHs 潜在生态风险评估结果

中文名称	小店区土壤 PAHs 含量/(ng/g)	样品比例/%		
		<ERL 危害极小	ERL～ERM 之间 一定危害	>ERM 危害极大
萘	29.85～346.23	57.14	42.86	0.00
二氢苊	4.40～476.35	42.86	57.14	0.00
苊	9.40～784.34	48.57	48.57	2.86
芴	11.30～1100.88	11.43	71.43	17.14
菲	127.50～1198.82	28.57	71.43	0.00
蒽	17.60～727.67	65.71	34.29	0.00
荧蒽	123.10～1538.90	51.43	48.57	0.00
芘	82.10～1207.50	80.00	20.00	0.00
苯并[a]蒽	58.10～958.90	62.86	37.14	0.00
䓛	130.30～1287.30	51.43	48.57	0.00
苯并[b]荧蒽	155.20～1525.60	28.57	71.43	0.00
苯并[k]荧蒽	44.00～532.00	74.29	25.71	0.00
苯并[a]芘	62.00～822.00	71.43	28.57	0.00
茚并[123-c,d]芘	58.40～902.80	—	—	—
二苯并[a,h]蒽	34.20～534.00	20.00	62.86	17.14
苯并[g,h,i]苝	59.30～811.00	74.29	25.71	0.00
PAHs	1143.30～11176.46	45.71	54.29	0.00

晋源区污灌区土壤中 16 种 PAHs，菲和二苯并［a,h］蒽这三种多环芳烃均有点位高于 ERM，说明这两种多环芳烃对生物体产生危害的可能性极大，对生态的有害毒副作用大于 50%，高于 ERM 样品的比例从高到低为二苯并

[a,h] 蒽>菲；茚并 [123-c,d] 芘没有最低安全值，但在各点位均有检出，它只要存在就会对生物产生生态危害作用，应当引起关注；其他 13 中 PAHs 的含量均有点位介于 ERL 和 ERM 之间，它们会对生态产生一定程度的危害，对生态环境具有中低等有害毒副作用（表 6-15）。

表 6-15 晋源区土壤中 16 种 PAHs 潜在生态风险评估结果

中文名称	晋源区土壤 PAHs 含量/(ng/g)	样品比例/%		
		<ERL 危害极小	ERL～ERM 之间 一定危害	>ERM 危害极大
萘	54.70～1358.40	57.14	42.86	0.00
二氢苊	1.50～210.10	34.29	65.71	0.00
苊	3.10～281.20	82.86	17.14	0.00
芴	8.10～347.70	11.43	88.57	0.00
菲	57.90～2864.50	31.43	60.00	8.57
蒽	4.80～980.00	54.29	45.71	0.00
荧蒽	41.50～2234.90	65.71	34.29	0.00
芘	30.20～1805.50	85.71	14.29	0.00
苯并[a]蒽	17.60～1236.40	62.86	37.14	0.00
苣	38.50～1407.30	57.14	42.86	0.00
苯并[b]荧蒽	43.60～1330.00	45.7	54.29	0.00
苯并[k]荧蒽	14.60～457.10	91.43	8.57	0.00
苯并[a]芘	20.40～787.50	91.43	8.57	0.00
茚并[123-c,d]芘	24.70～969.50	—	—	—
二苯并[a,h]蒽	14.30～833.10	25.71	62.86	11.43
苯并[g,h,i]苝	26.30～813.90	88.57	11.43	0.00
PAHs	406.40～12311.53	57.14	42.86	0.00

清徐县污灌区土壤中 16 种 PAHs，茚并 [123-c,d] 芘没有最低安全值，但在各点位均有检出，它只要存在就会对生物产生生态危害作用，应当引起关注；苊和苯并 [g,h,i] 苝的含量均低于 ERL 值，说明这两种 PAHs 产生的生态危害较小；其他 13 种 PAHs 的含量均有点位介于 ERL 和 ERM 之间，它们会对生物体产生一定程度的危害，对环境中生物体具有中低等有害毒副作用，其中芴的含量介于 ERL 和 ERM 之间的样品占比达到 47.5%，显著高于其他 PAHs，应对芴污染进行关注（表 6-16）。

表 6-16 清徐县土壤中 16 种 PAHs 潜在生态风险评估结果

中文名称	清徐县土壤 PAHs 含量/(ng/g)	样品比例/%		
		＜ERL 危害极小	ERL～ERM 之间 一定危害	＞ERM 危害极大
萘	14.00～218.60	95.00	5.00	0.00
二氢苊	1.80～47.00	87.50	12.50	0.00
苊	3.10～35.70	100.00	0.00	0.00
芴	8.50～51.50	52.50	47.50	0.00
菲	56.90～524.50	95.00	5.00	0.00
蒽	3.50～87.20	97.50	2.50	0.00
荧蒽	21.90～988.40	97.50	2.50	0.00
芘	17.10～769.00	97.50	2.50	0.00
苯并[a]蒽	6.80～522.00	97.50	2.50	0.00
苣	15.50～719.30	97.50	2.50	0.00
苯并[b]荧蒽	15.20～862.50	97.50	2.50	0.00
苯并[k]荧蒽	7.00～297.10	97.50	2.50	0.00
苯并[a]芘	9.10～498.50	97.50	2.50	0.00
茚并[123-c,d]芘	10.30～454.40	—	—	—
二苯并[a,h]蒽	4.60～255.00	95.00	5.00	0.00
苯并[g,h,i]苝	10.20～426.70	100.00	0.00	0.00
PAHs	214.50～6517.50	95.00	5.00	0.00

综上所述，小店和晋源区 16 种多环芳烃的潜在生态风险多数为危害极小或一定的危害，清徐县 16 种多环芳烃的潜在生态风险基本属于危害极小。由于 ERL/ERM 只能定性给出土壤中各 PAH 单体的可能生态风险，但在生态环境中，生物体通常暴露于多种 PAHs，由于多种 PAHs 之间可能存在拮抗和协同作用，若仅用 ERL/ERM 评估 PAHs 的环境风险，会低估或者高估其真实的生态风险。有鉴于此，利用 MERM-Q 评估土壤中 PAHs 的综合性生态风险更能说明研究区域的生态风险。

6.3.2 平均效应区间中值商法

表 6-17 显示研究区土壤中 15 种 PAHs 潜在生态风险平均效应区间中值商法的评估结果。从表中可以看出，小店区和晋源区 PAHs 的污染程度均是构成中低毒性，毒性概率约为 30%，而清徐县的 PAHs 的 MERM-Q 远小于

0.1，表明其生态风险的可能性较小，产生毒性的概率小于10%。从不同污染级别的样品比例来看，MERM-Q介于0.1和0.5间的样品比例从高到低依次是小店区、晋源区和清徐县，MERM-Q小于0.1的样品比例从高到低依次是清徐县、晋源区和小店区。因此，小店区和晋源区分别有74.29%和68.57%的土壤样点的毒性概率为30%左右，而清徐县有97.5%的土壤样点的毒性概率小于10%，其潜在生态风险最低。表6-17显示，晋源区和小店区大部分地区为中低毒性，清徐县大部分地区为低毒性，仅有北部部分地区为中低毒性。

表6-17　15种PAHs潜在生态风险平均效应区间中值商法评估结果

地区	MERM-Q	MERM-Q均值	污染程度	样品比例/%			
				＜0.1	0.1＜MERM-Q＜0.5	0.5＜MERM-Q＜1.5	MERM-Q＞1.5
				毒性概率＜10%	毒性概率30%左右	毒性概率约为50%	毒性概率约为75%
小店区	0.05～0.40	0.2	中低毒性，毒性概率约为30%	25.71	74.29	0.00	0.00
晋源区	0.02～0.46	0.18	中低毒性，毒性概率约为30%	31.43	68.57	0.00	0.00
清徐县	0.01～0.26	0.04	低毒性，毒性概率＜10%	97.50	2.50	0.00	0.00

6.3.3　苯并[a]芘毒性等效当量法

表6-18、表6-19和表6-20分别显示小店区、晋源区和清徐县污灌土壤中16种PAHs的毒性当量（TEQ）值。从表中可以看出，小店区土壤中16种PAHs的TEQ浓度范围为130.54～1774.58μg/kg，平均值为620.73μg/kg；晋源区土壤中16种PAHs的TEQ浓度范围为45.64～2022.37μg/kg，平均值为484.40μg/kg；清徐县土壤中16种PAHs的TEQ浓度范围为18.08～981.83μg/kg，平均值为118.43μg/kg。与其他研究相比，小店和晋源区土壤TEQ值高于福州农业土壤[87]（33.0μg/kg）和新德里郊区土壤[88]（48μg/kg）的TEQ浓度，清徐县与中国北京[89]（181μg/kg）的TEQ浓度相当，但均低于印度半干旱地区土壤[90]（650μg/kg）中PAHs的TEQ值。三个区县土壤中16种PAHs的TEQ平均值排序为小店区＞晋源区＞清徐县，毒性当量越大则土壤中PAHs的综合生态风险则越大。根据加拿大环境管理委员会

(Canadian Council of Ministers of Environment，CCME）关于土壤 PAHs 的环境标准，规定包括苯并［a］蒽、苣、苯并［b］荧蒽、苯并［k］荧蒽、苯并［a］芘、茚并［123-c,d］芘、二苯并［a,h］蒽和苯并［g,h,i］苝在内的8种 PAHs 的 BaPeq 值的总和不能超过 600μg/kg[91]，则晋源区和清徐县土壤中 PAHs 的 TEQ 属于环境和人体健康的安全值范围内，而小店区土壤中 8 种 PAHs 的 TEQ 为 617.06μg/kg，超过环境和人体健康的安全值范围，需要重点关注。

表 6-18　小店区土壤中 16 种 PAHs 的毒性当量浓度　单位：μg/kg

中文名称	最小值	最大值	平均值
萘	0.03	0.35	0.15
二氢苊	0.00	0.48	0.07
苊	0.01	0.78	0.11
芴	0.01	1.10	0.19
菲	0.13	1.20	0.44
蒽	0.18	7.28	1.63
荧蒽	0.12	1.54	0.63
芘	0.08	1.21	0.45
苯并[a]蒽	5.81	95.89	27.37
苣	1.30	12.87	4.70
苯并[b]荧蒽	15.52	152.56	60.73
苯并[k]荧蒽	4.40	53.20	20.54
苯并[a]芘	62.00	822.00	311.51
茚并[123-c,d]芘	5.84	90.28	29.51
二苯并[a,h]蒽	34.20	534.00	159.66
苯并[g,h,i]苝	0.59	8.11	3.04
16PAHs	130.54	1774.58	620.73
7carPAHs	129.08	1760.80	614.02

表 6-19　晋源区土壤中 16 种 PAHs 的毒性当量浓度　单位：μg/kg

中文名称	最小值	最大值	平均值
萘	0.05	1.36	0.20
二氢苊	0.00	0.21	0.04
苊	0.00	0.28	0.04
芴	0.01	0.35	0.09
菲	0.06	2.86	0.56

续表

中文名称	最小值	最大值	平均值
蒽	0.05	9.80	1.24
荧蒽	0.04	2.23	0.54
芘	0.03	1.81	0.39
苯并[a]蒽	1.76	123.64	28.41
䓛	0.39	14.07	4.21
苯并[b]荧蒽	4.36	133.00	42.77
苯并[k]荧蒽	1.46	45.71	12.96
苯并[a]芘	20.40	787.50	215.66
茚并[123-c,d]芘	2.47	96.95	24.34
二苯并[a,h]蒽	14.30	833.10	150.46
苯并[g,h,i]苝	0.26	8.14	2.49
16PAHs	45.64	2022.37	484.40
7carPAHs	45.14	2005.42	478.81

表 6-20 清徐县土壤中 16 种 PAHs 的毒性当量浓度 单位：μg/kg

中文名称	最小值	最大值	平均值
萘	0.01	0.22	0.05
二氢苊	0.00	0.05	0.01
苊	0.00	0.04	0.01
芴	0.01	0.05	0.02
菲	0.06	0.52	0.13
蒽	0.04	0.87	0.15
荧蒽	0.02	0.99	0.11
芘	0.02	0.77	0.09
苯并[a]蒽	0.68	52.20	5.64
䓛	0.16	7.19	1.00
苯并[b]荧蒽	1.52	86.25	12.88
苯并[k]荧蒽	0.70	29.71	3.79
苯并[a]芘	9.10	498.50	56.89
茚并[123-c,d]芘	1.03	45.44	5.17
二苯并[a,h]蒽	4.60	255.00	31.91
苯并[g,h,i]苝	0.10	4.27	0.57
16PAHs	18.08	981.83	118.43
7carPAHs	17.81	974.29	117.28

多环芳烃的毒性主要表现为致癌性，其差异较大；一般而言，低分子量PAHs的致癌性较低，而某些高分子量PAHs具有相对较强的致癌性[92]。小店区7种致癌多环芳烃（7carPAHs）{苯并［a］蒽、䓛、苯并［b］荧蒽、苯并［k］荧蒽、苯并［a］芘、茚并［123-c，d］芘、二苯并［a，h］蒽}的毒性当量浓度范围是129.08～1760.80μg/kg，平均值为614.02μg/kg，占16种多环芳烃总量的98.92％；晋源区7种致癌多环芳烃的毒性当量浓度范围是45.14～2005.42μg/kg，平均值为478.81μg/kg，占16种多环芳烃总量的98.85％；清徐县7种致癌多环芳烃的毒性当量浓度范围是17.81～974.29μg/kg，平均值为117.28μg/kg，占16种多环芳烃总量的99.03％。说明研究区域土壤中PAHs毒性风险主要源于7种强致癌PAHs单体。BaP作为毒性最强的单体之一，小店、晋源和清徐TEQ_{BaP}范围分别为62～822μg/kg、20.40～787.50μg/kg、9.10～498.50μg/kg，平均值分别为311.51μg/kg、215.66μg/kg、56.89μg/kg，贡献值为50.16％、44.4％、48.3％，应重点关注。

第7章 土壤-作物体系重金属和多环芳烃人体致癌风险和非致癌风险的健康风险评估

人体健康风险评估是定量化刻画环境中污染物对人体健康产生危害的风险的重要方法，以风险度为评估指标，将环境污染与人体健康联系起来[93]。目前，土壤重金属污染所带来的环境问题日益受到人们的关注，已经成为国际环境土壤学研究的热点[94]。本研究区属于农业生产区，为当地及周边地区输送各种农产品，农田土壤污染状况直接影响作物质量，进而影响居民的身体健康。因此在本研究区进行人体健康风险评估具有重要意义。

7.1 污染土壤健康风险评估方法

土壤污染物在迁移过程中引起的暴露风险是污染土壤健康风险评估的核心。污染土壤健康风险评估包括危害判定、剂量-效应评估、暴露评估、风险表征四个步骤[95]，如图7-1所示。

7.1.1 危害判定

危害判定是指根据土壤污染物的生物学和化学特性，判定其对周边人居环境是否产生健康危害，确定其是致癌效应还是非致癌效应。危害判定的工作内容是：①研究区界定与信息收集；②制定采样计划，分析环境样品；③分析污染特征，建立概念模型。

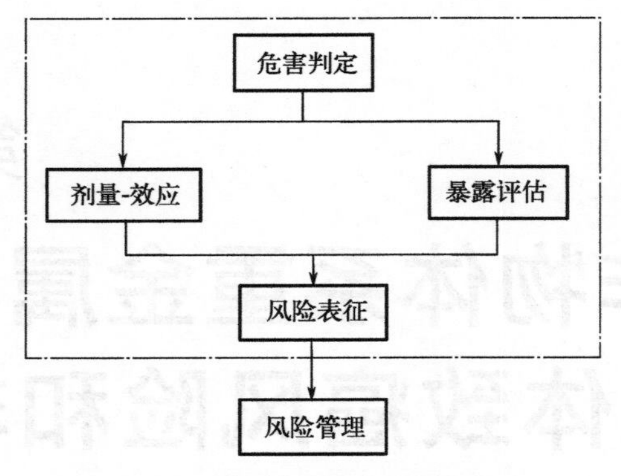

图 7-1 人体健康风险评估框架

7.1.2 剂量-效应评估

人体暴露与一定剂量的污染物与其产生反应之间的关系称之为剂量-效应关系，它是风险评估的依据。每种污染物依据其毒性终点的不同，具有不同的剂量-效应关系。剂量-效应属于毒理学研究范畴，对于本研究区污染土壤重金属健康风险评估来说，主要是收集与选取合适的剂量-效应资料应用于风险评估中。在定量健康风险评估中，一般采用线性剂量-反应模型。对于 Hg、Pb、Cu、Zn、Cr 这五种元素，评估非致癌风险时常用 R_{fD} 表示；对于 As、Cd、PAHs 选择致癌强度系数 S_F 表示。

7.1.3 暴露评估

污染土壤的健康风险评估需要详细的暴露过程，来确定或估算（定性或定量）暴露剂量的大小、暴露频率、暴露持续时间和暴露途径。本研究将暴露人群分为儿童和成人，用长期日暴露量（A_{DD}）进行暴露评价。土壤中 A_{DD} 估算使用以下公式计算[96]：

经口-作物途径误食污染物：

$$A_{DD}=C_1 I_{R1} E_{F1} E_{D1}/(W_B A_T)$$

经口-土壤途径误食污染物：

$$A_{DD}=C_2 C_F I_{R2} E_{F2} E_{D2}/(W_B A_T)$$

经皮肤-土壤途径误食污染物：

$$A_{DD}=C_2 C_F S_{A1} A_F A_{BS} E_{F2} E_{D2}/(W_B A_T)$$

经呼吸-土壤途径误食污染物：

$$A_{DD}=C_2 I_{R3} E_{F2} E_{D2}/(P_{EF} W_B A_T)\text{(重金属)}$$

$$A_{DD}=C_2 E_T(1/V_F+1/P_{EF}) I_{R3} E_{F2} E_{D2}/(W_B A_T)\text{(多环芳烃)}$$

式中，A_{DD} 为化学物质日均暴露剂量，mg/(kg・d)；C_1 为污灌区作物含量均值，mg/kg；C_2 为污灌区土壤含量均值，mg/kg；V_F 为挥发因子，其计算方法参考美国国家环境保护局土壤筛选导则用户指南[97]；其余参数定义和参考值见表7-1，参考值取值参考美国能源部风险评估信息系统中化学物质风险模型用户指南[98] 和美国国家环境保护局超级基金人体健康风险评估指导和土壤筛选水平补充指导[99-100]。

表7-1　健康风险评价暴露参数

参数	参考值	
	成人	儿童
日均食物摄入量(I_{R1})/(kg/d)	0.1(玉米)	0.05(玉米)
日均土壤摄入量(I_{R2})/(mg/d)	100	200
日均空气摄入量(I_{R3})/(m^3/d)	20	8
作物暴露频率(E_{F1})/(d/a)	350	350
土壤暴露频率(E_{F2})/(d/a)	250	250
作物暴露年限(E_{D1})/a	30	6
土壤暴露年限(E_{D2})/a	24	6
体重 W_B/kg	70	15
平均作用时间(A_T)/d	70×365(致癌物质)	70×365(致癌物质)
	E_D×365(非致癌物质)	E_D×365(非致癌物质)
土壤经口、皮肤单位转换因子(C_F)/(kg/mg)	1×10^{-6}	
皮肤黏滞系数(A_F)/[mg/(cm^2・d)]	0.07	0.20
与土壤接触的皮肤面积(S_{A1})/cm^2	5700	2800
皮肤吸收土壤 A_{bs}	0.13	0.13
暴露时间(E_T)/(h/d)	8.0	8.0
土壤尘产生因子(P_{EF})/(m^3/kg)	1.36×10^9	

7.1.4　风险表征

风险表征是对前面评估步骤进行总结分析，定量描述重金属污染物对人体产生健康危害的风险。由于致癌物质和非致癌物质的毒性方式不同，应分别考虑。风险表征要对每一种污染物的每一暴露途径的致癌风险和非致癌风险进行表征。目前比较常用的是USEPA的商值法。

7.1.4.1 非致癌风险评价方法

非致癌风险采用风险指数（hazard index，HI）表示，其公式表示为由于暴露造成的长期日均污染物摄入量与参考剂量之比，即

$$HI = A_{DD}/R_{fD}$$

$$R_{fDs} = R_{fDm} A_{BSgi}$$

$$R_{fDb} = R_{fCb} I_{R3a} / B_{Wa}$$

式中，HI为非致癌风险指数，比值超过1时，认为会对人体健康产生危害；A_{DD}为日均污染物摄入量；R_{fD}为非致癌污染物参考剂量；R_{fDs}为经皮肤参考剂量；R_{fDm}为经口参考剂量；R_{fDb}为经呼吸参考剂量；R_{fCb}为经呼吸参考浓度；非致癌参考剂量见表7-2；A_{BSgi}为经肠胃吸收的污染物分数，取0.5；I_{R3a}为成人日均空气摄入量；B_{Wa}为成人体重。当HI＞1时，表示污染物对人体造成危害，并且非致癌风险随着HI值的增加而增加；当HI≤1时，则表示污染物不会对人体产生明显的非致癌健康影响。

7.1.4.2 致癌风险评价方法

致癌风险用于表示暴露在污染物下的人群一生中患癌的概率，用致癌风险值（R）表示。一般来说，即使污染物的暴露剂量很低，长期接触也存在致癌风险。其定义是日均污染物摄入量与致癌斜率因子的乘积[101-102]，即：

$$R_{lde} = A_{DD} S_F$$

$$R_{hde} = 1 - \exp(-A_{DD} S_F)$$

式中，R_{lde}为低剂量暴露风险；R_{hde}为高剂量暴露风险，若低剂量暴露计算致癌风险大于0.01时则用高剂量暴露计算；S_F为污染物的致癌斜率因子，包括S_{Fs}（经皮肤的致癌斜率因子）、S_{Fm}（经口的致癌斜率因子）、S_{Fb}（经呼吸的致癌斜率因子）；PAHs的挥发因子和致癌斜率因子参考值见表7-2[103-104]。在计算多种物质的风险时，先将各种物质的非致癌风险和致癌风险计算出来，然后再加和，不考虑其协同作用和拮抗作用。当$R<10^{-6}$时，致癌风险可忽略不计；$10^{-6}<R<10^{-4}$时为可接受范围，$R>10^{-4}$表明会对人体产生致癌风险。

表 7-2 PAHs 挥发因子（V_F）及 PAHs 和重金属的非致癌参考剂量（R_{fD}）和致癌斜率因子（S_F）

组分	挥发因子 V_F	R_{fD}/[mg/(kg·d)]			S_F/[(kg·d)/mg]		
		经口 (R_{fDm})	经呼吸 (R_{fDb})	经皮肤 (R_{fDs})	经口 (S_{Fm})	经呼吸 (S_{Fb})	经皮肤 (S_{Fs})
萘	5.52×10^{4}	4.0×10^{-2}	8.57×10^{-4}	2.0×10^{-2}	—	—	—
苊	2.16×10^{5}	6.0×10^{-2}	D	3.0×10^{-2}	—	—	—
二氢苊	1.86×10^{5}	6.0×10^{-2}	D	3.0×10^{-2}	—	—	—
芴	5.05×10^{5}	4.0×10^{-2}	D	2.0×10^{-2}	—	—	—
菲	1.43×10^{6}	3.0×10^{-2}	D	1.5×10^{-2}	—	—	—
蒽	7.72×10^{5}	3.0×10^{-1}	D	1.5×10^{-1}	—	—	—
荧蒽	3.02×10^{6}	4.0×10^{-2}	D	2.0×10^{-2}	—	—	—
芘	3.76×10^{6}	3.0×10^{-2}	D	1.5×10^{-2}	—	—	—
苯并[g,h,i]苝	1.08×10^{8}	3.0×10^{-2}	D	1.5×10^{-2}	—	—	—
苯并[a]蒽	9.34×10^{6}	—	—	—	7.3×10^{-1}	1.46	3.85×10^{-1}
苣	2.69×10^{6}	—	—	—	7.3×10^{-3}	1.46×10^{-2}	3.85×10^{-2}
苯并[b]荧蒽	4.58×10^{6}	—	—	—	7.3×10^{-1}	1.46	3.85×10^{-1}
苯并[k]荧蒽	3.90×10^{7}	—	—	—	7.3×10^{-2}	1.46×10^{-1}	3.85×10^{-1}
苯并[a]芘	2.43×10^{7}	—	—	—	7.3	1.46×10^{1}	3.85
茚并[123-c,d]芘	5.65×10^{7}	—	—	—	7.3×10^{-1}	1.46	3.85×10^{-1}
二苯并[a,h]蒽	1.03×10^{8}	—	—	—	7.3	1.46×10^{1}	4.20
镉	—	1.0×10^{-3}	1.0×10^{-5}	1.0×10^{-5}	6.3	—	6.3
汞	—	3.0×10^{-4}	3.0×10^{-4}	8.27×10^{-5}	—	—	—
砷	—	3.0×10^{-4}	3.0×10^{-4}	3.0×10^{-4}	1.5	3.66	1.51
铅	—	3.5×10^{-3}	5.25×10^{-4}	3.52×10^{-3}	—	—	—
铬	—	1.5	2.86×10^{-5}	6.00×10^{-5}	—	—	2.57
铜	—	4.0×10^{-2}	1.2×10^{-3}	4.0×10^{-2}	—	8.5×10^{-3}	—
锌	—	0.3	6.0×10^{-2}	0.3	—	—	—

注：D表示没有分类。

7.2 土壤-作物体系重金属人体致癌风险和非致癌风险的健康风险评估

表 7-3 显示了小店区污灌区重金属致癌风险（土壤、作物重金属浓度含量取灌区均值）。美国国家环境保护局（US EPA）提出当 $R_{isk}<10^{-6}$ 时，是人

体可接受的单一重金属致癌风险水平，$R_{isk}<10^{-4}$ 则是人体可接受的累计重金属致癌风险水平。本研究中小店区中Cd、As和Cr对成人和儿童的致癌风险均超过致癌风险阈值范围（$1\times10^{-6}\sim1\times10^{-4}$），且同一种重金属对儿童的致癌风险均高于成人，说明重金属Cd、As和Cr有一定的致癌风险，其中Cd是主要的致癌风险因子，且对重金属Cd、As和Cr对儿童的危害要更大；Pb对成人和儿童的致癌风险均远低于10^{-6}，说明重金属的致癌风险水平是可接受的。成人和儿童累计重金属致癌风险分别为5.01×10^{-4}和1.35×10^{-3}，均大于10^{-4}，说明重金属的癌症风险水平超过可接受范围，从安全角度考虑，应长期注意这些区域重金属浓度水平并采取一定的措施。从暴露途径和暴露介质分析，成人重金属致癌危害贡献以口-作物（玉米）为主，其对人体健康所造成的致癌危害占总个人年致癌风险的比例分别为89.90%（成人）；儿童重金属致癌危害贡献以口-土壤和口-作物（玉米）为主，其对人体健康所造成的致癌危害占总个人年致癌风险的比例为91.76%（儿童），其中以口-作物（玉米）的贡献率最高，贡献了78.05%。从不同重金属分析，对人体致癌风险贡献最大的为Cd，对成人致癌风险贡献率为87.09%，对儿童致癌风险贡献率为76.90%；其次为As，对成人致癌风险贡献率为7.62%，对儿童致癌风险贡献率为19.88%；主要是Cd和As的致癌斜率因子相对较高所致。

表7-3　小店区污灌区重金属致癌风险计算结果

	暴露途径-介质	致癌风险					
		Cd	As	Cr	Pb	致癌风险小计	各途径-介质贡献率/%
成人	皮肤-土壤	5.82×10^{-8}	4.29×10^{-6}	2.65×10^{-5}	—	3.08×10^{-5}	6.15
	口-作物(玉米)	4.34×10^{-4}	1.58×10^{-5}	—	—	4.50×10^{-4}	89.90
	口-土壤	1.67×10^{-6}	1.81×10^{-5}	—	—	1.98×10^{-5}	3.95
	呼吸-土壤	—	2.23×10^{-9}	—	1.26×10^{-11}	2.24×10^{-9}	0.00
	小计	4.36×10^{-4}	3.82×10^{-5}	2.65×10^{-5}	1.26×10^{-11}	5.01×10^{-4}	100
	各组分贡献率/%	87.09	7.62	5.28	0.00		
儿童	皮肤-土壤	5.69×10^{-6}	6.19×10^{-5}	4.33×10^{-5}	—	1.11×10^{-4}	8.24
	口-作物(玉米)	1.01×10^{-3}	3.68×10^{-5}	—	—	1.05×10^{-3}	78.05
	口-土壤	1.56×10^{-5}	1.69×10^{-4}	—	—	1.84×10^{-4}	13.71
	呼吸-土壤	—	1.04×10^{-9}	—	4.21×10^{-12}	1.04×10^{-9}	0.00
	小计	1.03×10^{-3}	2.68×10^{-4}	4.33×10^{-5}	4.21×10^{-12}	1.35×10^{-3}	100
	各组分贡献率/%	76.90	19.88	3.22	0.00		

表 7-4 显示了小店区污灌区重金属非致癌风险（土壤、作物重金属浓度含量取灌区均值）。US EPA 指出当非致癌危害指数大于 1 时，认为对人体健康产生危害。本研究中小店区，从单一重金属非致癌风险指数来看，除了 Cr 对儿童的非致癌风险大于 1，其他重金属对成人和儿童的非致癌风险均小于 1，说明单一重金属 Cr 是最需要关注的，其危害更大；从重金属综合健康非致癌风险来看，成人和儿童非致癌指数分别为 9.96×10^{-1} 和 4.93，说明重金属对儿童的健康产生危害，且对儿童产生的非致癌健康危害高于成人。从暴露途径和暴露介质分析，重金属非致癌危害贡献以口-作物（玉米）和皮肤-土壤为主，其对人体健康所造成的非致癌危害占总个人年风险的比例分别为 95.16%（成人）和 90.94%（儿童），其中通过皮肤-土壤途径的贡献率最高，分别为 54.13%（成人）和 71.60%（儿童）。从不同重金属分析，对人体非致癌风险贡献最大的为 Cr，对成人非致癌风险贡献率为 50.29%，各儿童非致癌风险贡献率为 66.48%，主要是 Cr 经皮肤-土壤途径的非致癌风险较高所致，这是由于 Cr 的含量高且其经皮肤-土壤的非致癌参考剂量较低。

表 7-5 显示了晋源区污灌区重金属致癌风险（土壤、作物重金属浓度含量取灌区均值）。US EPA 提出当 $R_{\mathrm{isk}}<10^{-6}$ 时，是人体可接受的单一重金属致癌风险水平，$R_{\mathrm{isk}}<10^{-4}$ 则是人体可接受的累计重金属致癌风险水平。本研究中晋源区中 Cd、As 和 Cr 对成人和儿童的致癌风险均超过致癌风险阈值范围（$1\times10^{-6}\sim1\times10^{-4}$），且同一种重金属对儿童的致癌风险均高于成人，说明重金属 Cd、As 和 Cr 有一定的致癌风险，其中 Cd 是主要的致癌风险因子，且对重金属 Cd、As 和 Cr 对儿童的危害要更大；Pb 对成人和儿童的致癌风险均远低于 10^{-6}，说明重金属的致癌风险水平是可接受的。成人和儿童累计重金属致癌风险分别为 4.03×10^{-4} 和 1.07×10^{-3}，均大于 10^{-4}，说明重金属的癌症风险水平超过可接受范围，从安全角度考虑，应长期注意这些区域重金属浓度水平并采取一定的措施。从暴露途径和暴露介质分析，成人重金属致癌危害贡献以口-作物（玉米）为主，其对人体健康所造成的致癌危害占总个人年致癌风险的比例分别为 88.01%（成人）；儿童 PAHs 致癌危害贡献以口-土壤和口-作物（玉米）为主，其对人体健康所造成的致癌危害占总个人年致癌风险的比例为 90.61%（儿童），其中以口-作物（玉米）的贡献率最高，贡献了 77.71%。从不同重金属分析，对人体致癌风险贡献最大的为 Cd，对成人致癌风险贡献率为 84.81%，对儿童致癌风险贡献率为 76.04%；其次为 As，对成人致癌风险贡献率为 7.65%，对儿童致癌风险贡献率为 19.30%；主要是 Cd

表 7-4 小店区污灌区重金属非致癌风险计算结果

	暴露途径-介质	非致癌风险								
		Cd	Hg	As	Pb	Cr	Cu	Zn	非致癌风险小计	各途径-介质贡献率/%
成人	皮肤-土壤	1.38×10^{-2}	4.57×10^{-4}	2.09×10^{-2}	3.10×10^{-3}	5.00×10^{-1}	3.81×10^{-4}	1.64×10^{-4}	5.39×10^{-1}	54.13
	口-作物(玉米)	6.89×10^{-2}	3.80×10^{-2}	3.51×10^{-2}	8.42×10^{-2}	1.67×10^{-4}	5.47×10^{-2}	1.28×10^{-1}	4.09×10^{-1}	41.03
	口-土壤	2.66×10^{-4}	2.43×10^{-4}	4.02×10^{-2}	6.02×10^{-3}	3.86×10^{-5}	7.34×10^{-4}	3.17×10^{-4}	4.78×10^{-2}	4.80
	呼吸-土壤	3.91×10^{-6}	3.57×10^{-8}	5.91×10^{-6}	5.90×10^{-6}	2.98×10^{-4}	3.60×10^{-6}	2.33×10^{-7}	3.17×10^{-4}	0.03
	小计	8.30×10^{-2}	3.87×10^{-2}	9.61×10^{-2}	9.33×10^{-2}	5.01×10^{-1}	5.58×10^{-2}	1.28×10^{-1}	9.96×10^{-1}	100.00
	各组分贡献率/%	8.33	3.89	9.65	9.37	50.29	5.60	12.86		
儿童	皮肤-土壤	9.03×10^{-2}	2.99×10^{-3}	1.37×10^{-1}	2.03×10^{-2}	3.28	2.50×10^{-3}	1.08×10^{-3}	3.53	71.60
	口-作物(玉米)	1.61×10^{-1}	8.88×10^{-2}	8.18×10^{-2}	1.96×10^{-1}	3.91×10^{-4}	1.28×10^{-1}	2.98×10^{-1}	9.53×10^{-1}	19.34
	口-土壤	2.48×10^{-3}	2.27×10^{-3}	3.75×10^{-1}	5.62×10^{-2}	3.60×10^{-4}	6.86×10^{-3}	2.96×10^{-3}	4.46×10^{-1}	9.05
	呼吸-土壤	7.30×10^{-6}	6.67×10^{-8}	1.10×10^{-5}	1.10×10^{-5}	5.55×10^{-4}	6.72×10^{-6}	4.35×10^{-7}	5.92×10^{-4}	0.01
	小计	2.54×10^{-1}	9.40×10^{-2}	5.94×10^{-1}	2.73×10^{-1}	3.28	1.37×10^{-1}	3.02×10^{-1}	4.93	100.00
	各组分贡献率/%	5.14	1.91	12.04	5.53	66.48	2.78	6.12		

和 As 的致癌斜率因子相对较高所致。

表 7-5 晋源区污灌区重金属致癌风险计算结果

	暴露途径-介质	致癌风险					
		Cd	As	Cr	Pb	致癌风险小计	各途径-介质贡献率/%
成人	皮肤-土壤	3.40×10^{-8}	3.20×10^{-6}	3.04×10^{-5}	—	3.36×10^{-5}	8.34
	口-作物(玉米)	3.41×10^{-4}	1.41×10^{-5}	—	—	3.55×10^{-4}	88.01
	口-土壤	1.18×10^{-6}	1.35×10^{-5}	—	—	1.47×10^{-5}	3.65
	呼吸-土壤	—	1.67×10^{-9}	—	1.19×10^{-11}	1.68×10^{-9}	0.00
	小计	3.42×10^{-4}	3.09×10^{-5}	3.04×10^{-5}	1.19×10^{-11}	4.03×10^{-4}	100
	各组分贡献率/%	84.81	7.65	7.53	0.00		
儿童	皮肤-土壤	4.02×10^{-6}	4.63×10^{-5}	4.97×10^{-5}	—	1.00×10^{-4}	9.39
	口-作物(玉米)	7.95×10^{-4}	3.29×10^{-5}	—	—	8.28×10^{-4}	77.71
	口-土壤	1.11×10^{-5}	1.26×10^{-4}	—	—	1.37×10^{-4}	12.90
	呼吸-土壤	—	7.77×10^{-10}	—	5.56×10^{-12}	7.83×10^{-10}	0.00
	小计	8.10×10^{-4}	2.06×10^{-4}	4.97×10^{-5}	5.56×10^{-12}	1.07×10^{-3}	100
	各组分贡献率/%	76.04	19.30	4.67	0.00		

表 7-6 显示了晋源区污灌区重金属非致癌风险（土壤、作物重金属浓度含量取灌区均值）。US EPA 指出当非致癌危害指数大于 1 时，认为对人体健康产生危害。本研究中晋源区，从单一重金属非致癌风险指数来看，除了 Cr 对儿童的非致癌风险大于 1，其他重金属对成人和儿童的非致癌风险均小于 1，说明单一重金属 Cr 是最需要关注的，其危害更大；从重金属综合健康非致癌风险来看，成人和儿童非致癌指数分别为 1.00 和 5.17，说明重金属对成人和儿童产生健康危害，且对儿童产生的非致癌健康危害大于成人。从暴露途径和暴露介质分析，重金属非致癌危害贡献以口-作物（玉米）和皮肤-土壤为主，其对人体健康所造成的非致癌危害占总个人年风险的比例分别为 96.00%（成人）和 92.81%（儿童），其中通过皮肤-土壤途径的贡献率最高，分别为 60.43%（成人）和 76.72%（儿童）。从不同重金属分析，对人体非致癌风险贡献最大的为 Cr，对成人非致癌风险贡献率为 57.40%，各儿童非致癌风险贡献率为 72.83%，主要是 Cr 经皮肤-土壤途径的非致癌风险较高所致，这是由于 Cr 的含量高且其经皮肤-土壤的非致癌参考剂量较低。

表 7-7 显示了清徐县污灌区重金属致癌风险（土壤、作物重金属浓度含量取灌区均值）。US EPA 提出当 $R_{isk}<10^{-6}$ 时，是人体可接受的单一重金属致

表 7-6　晋源区污灌区重金属非致癌风险计算结果

	暴露途径-介质	非致癌风险								
		Cd	Hg	As	Pb	Cr	Cu	Zn	非致癌风险小计	各途径-介质贡献率/%
成人	皮肤-土壤	9.75×10^{-3}	9.73×10^{-4}	1.56×10^{-2}	4.10×10^{-3}	5.74×10^{-1}	3.54×10^{-4}	1.38×10^{-4}	6.05×10^{-1}	60.43
	口-作物(玉米)	5.41×10^{-2}	4.21×10^{-2}	3.14×10^{-2}	8.17×10^{-2}	2.23×10^{-4}	5.14×10^{-2}	9.55×10^{-2}	3.56×10^{-1}	35.57
	口-土壤	1.88×10^{-4}	5.17×10^{-4}	3.01×10^{-2}	7.95×10^{-3}	4.43×10^{-5}	6.82×10^{-4}	2.67×10^{-4}	3.97×10^{-2}	3.97
	呼吸-土壤	2.76×10^{-6}	7.61×10^{-8}	4.42×10^{-6}	7.79×10^{-6}	3.42×10^{-4}	3.34×10^{-6}	1.96×10^{-7}	3.60×10^{-4}	0.04
	小计	6.40×10^{-2}	4.36×10^{-2}	7.70×10^{-2}	9.37×10^{-2}	5.75×10^{-1}	5.25×10^{-2}	9.60×10^{-2}	1.00	100.00
	各组分贡献率/%	6.39	4.35	7.69	9.35	57.40	5.24	9.58		
儿童	皮肤-土壤	6.38×10^{-2}	6.37×10^{-3}	1.02×10^{-1}	2.68×10^{-2}	3.76	2.32×10^{-3}	9.06×10^{-4}	3.96	76.72
	口-作物(玉米)	1.26×10^{-1}	9.82×10^{-2}	7.32×10^{-2}	1.91×10^{-1}	5.21×10^{-4}	1.20×10^{-1}	2.23×10^{-1}	8.32×10^{-1}	16.09
	口-土壤	1.75×10^{-3}	4.83×10^{-3}	2.81×10^{-1}	7.42×10^{-2}	4.13×10^{-4}	6.36×10^{-3}	2.49×10^{-3}	3.71×10^{-1}	7.17
	呼吸-土壤	5.16×10^{-6}	1.42×10^{-7}	8.26×10^{-6}	1.45×10^{-5}	6.38×10^{-4}	6.24×10^{-6}	3.66×10^{-7}	6.72×10^{-4}	0.01
	小计	1.92×10^{-1}	1.09×10^{-1}	4.56×10^{-1}	2.92×10^{-1}	3.76	1.29×10^{-1}	2.26×10^{-1}	5.17	100.00
	各组分贡献率/%	3.71	2.12	8.83	5.64	72.83	2.49	4.38		

癌风险水平，$R_{isk}<10^{-4}$ 则是人体可接受的累计重金属致癌风险水平。本研究中清徐县中 Cd、As 和 Cr 对成人和儿童的致癌风险均超过致癌风险阈值范围（$1\times10^{-6}\sim1\times10^{-4}$），且同一种重金属对儿童的致癌风险均高于成人，说明重金属 Cd、As 和 Cr 有一定的致癌风险，其中 Cd 是主要的致癌风险因子，且对重金属 Cd、As 和 Cr 对儿童的危害要更大；Pb 对成人和儿童的致癌风险均远低于 10^{-6}，说明重金属的致癌风险水平是可接受的。成人和儿童累计重金属致癌风险分别为 4.07×10^{-4} 和 1.09×10^{-3}，均大于 10^{-4}，说明重金属的癌症风险水平超过可接受范围，从安全角度考虑，应长期注意这些区域重金属浓度水平并采取一定的措施。从暴露途径和暴露介质分析，成人重金属致癌危害贡献以口-作物（玉米）为主，其对人体健康所造成的致癌危害占总个人年致癌风险的比例分别为 86.71%（成人）；儿童 PAHs 致癌危害贡献以口-土壤和口-作物（玉米）为主，其对人体健康所造成的致癌危害占总个人年致癌风险的比例为 89.72%（儿童），其中以口-作物（玉米）的贡献率最高，贡献了 75.42%。从不同重金属分析，对人体致癌风险贡献最大的为 Cd，对成人致癌风险贡献率为 83.38%，对儿童致癌风险贡献率为 73.58%；其次为 As，对成人致癌风险贡献率为 8.36%，对儿童致癌风险贡献率为 21.38%；主要是 Cd 和 As 的致癌斜率因子相对较高所致。

表 7-7 清徐县污灌区重金属致癌风险计算结果

	暴露途径-介质	致癌风险					
		Cd	As	Cr	Pb	致癌风险小计	各途径-介质贡献率/%
成人	皮肤-土壤	3.15×10^{-8}	3.72×10^{-6}	3.36×10^{-5}	—	3.74×10^{-5}	9.18
	口-作物(玉米)	3.38×10^{-4}	1.47×10^{-5}	—	—	3.53×10^{-4}	86.71
	口-土壤	1.12×10^{-6}	1.56×10^{-5}	—	—	1.67×10^{-5}	4.11
	呼吸-土壤	—	1.92×10^{-9}	—	9.64×10^{-12}	1.93×10^{-9}	0.00
	小计	3.40×10^{-4}	3.41×10^{-5}	3.36×10^{-5}	9.64×10^{-12}	4.07×10^{-4}	100
	各组分贡献率/%	83.38	8.36	8.26	0.00		
儿童	皮肤-土壤	3.81×10^{-6}	5.34×10^{-5}	5.51×10^{-5}	—	1.12×10^{-4}	10.28
	口-作物(玉米)	7.90×10^{-4}	3.43×10^{-5}	—	—	8.24×10^{-4}	75.42
	口-土壤	1.05×10^{-5}	1.46×10^{-4}	—	—	1.56×10^{-4}	14.30
	呼吸-土壤	—	8.97×10^{-10}	—	4.50×10^{-12}	9.02×10^{-10}	0.00
	小计	8.04×10^{-4}	2.34×10^{-4}	5.51×10^{-5}	4.50×10^{-12}	1.09×10^{-3}	100
	各组分贡献率/%	73.58	21.38	5.04	0.00		

表 7-8 显示了清徐县污灌区重金属非致癌风险（土壤、作物重金属浓度含

表 7-8　清徐县污灌区重金属非致癌风险计算结果

	暴露途径-介质	非致癌风险								
		Cd	Hg	As	Pb	Cr	Cu	Zn	非致癌风险小计	各途径-介质贡献率/%
成人	皮肤-土壤	9.23×10^{-3}	4.55×10^{-4}	1.80×10^{-2}	3.32×10^{-3}	6.36×10^{-1}	3.49×10^{-4}	1.31×10^{-4}	6.68×10^{-1}	63.12
	口-作物(玉米)	5.37×10^{-2}	2.91×10^{-2}	3.27×10^{-2}	7.60×10^{-2}	2.35×10^{-4}	6.32×10^{-2}	9.22×10^{-2}	3.47×10^{-1}	32.82
	口-土壤	1.78×10^{-4}	2.42×10^{-4}	3.47×10^{-2}	6.43×10^{-3}	4.91×10^{-5}	6.73×10^{-4}	2.53×10^{-4}	4.25×10^{-2}	4.02
	呼吸-土壤	2.62×10^{-6}	3.56×10^{-8}	5.10×10^{-6}	6.30×10^{-6}	3.78×10^{-4}	3.30×10^{-6}	1.86×10^{-7}	3.96×10^{-4}	0.04
	小计	6.31×10^{-2}	2.98×10^{-2}	8.54×10^{-2}	8.57×10^{-2}	6.37×10^{-1}	6.42×10^{-2}	9.26×10^{-2}	1.06	100.00
	各组分贡献率/%	5.97	2.82	8.08	8.10	60.21	6.07	8.75		
儿童	皮肤-土壤	6.04×10^{-2}	2.98×10^{-3}	1.18×10^{-1}	2.17×10^{-2}	4.17	2.28×10^{-3}	8.59×10^{-4}	4.37	78.36
	口-作物(玉米)	1.25×10^{-1}	6.80×10^{-2}	7.63×10^{-2}	1.77×10^{-1}	5.48×10^{-4}	1.47×10^{-1}	2.15×10^{-1}	8.10×10^{-1}	14.51
	口-土壤	1.66×10^{-3}	2.26×10^{-3}	3.24×10^{-1}	6.00×10^{-2}	4.58×10^{-4}	6.28×10^{-3}	2.36×10^{-3}	3.97×10^{-1}	7.11
	呼吸-土壤	4.88×10^{-6}	6.64×10^{-8}	9.53×10^{-6}	1.18×10^{-5}	7.06×10^{-4}	6.15×10^{-6}	3.47×10^{-7}	7.39×10^{-4}	0.01
	小计	1.87×10^{-1}	7.32×10^{-2}	5.18×10^{-1}	2.59×10^{-1}	4.17	1.56×10^{-1}	2.18×10^{-1}	5.58	100.00
	各组分贡献率/%	3.36	1.31	9.29	4.64	74.69	2.79	3.91		

量取灌区均值)。US EPA 指出当非致癌危害指数大于 1 时，认为对人体健康产生危害。本研究中清徐县，从单一重金属非致癌风险指数来看，除了 Cr 对儿童的非致癌风险大于 1，其他重金属对成人和儿童的非致癌风险均小于 1，说明单一重金属 Cr 是最需要关注的，其危害更大；从重金属综合健康非致癌风险来看，成人和儿童非致癌指数分别为 1.06 和 5.58，说明重金属对成人和儿童产生健康危害，且对儿童产生的非致癌健康危害大于成人。从暴露途径和暴露介质分析，重金属非致癌危害贡献以口-作物（玉米）和皮肤-土壤为主，其对人体健康所造成的非致癌危害占总个人年风险的比例分别为 95.94%（成人）和 92.87%（儿童），其中通过皮肤-土壤途径的贡献率最高，分别为 63.12%（成人）和 78.36%（儿童）。从不同重金属分析，对人体非致癌风险贡献最大的为 Cr，对成人非致癌风险贡献率为 60.21%，各儿童非致癌风险贡献率为 74.69%，主要是 Cr 经皮肤-土壤途径的非致癌风险较高所致，这是由于 Cr 的含量高且其经皮肤-土壤的非致癌参考剂量较低。

7.3　土壤-作物体系多环芳烃人体致癌风险和非致癌风险的健康风险评估

表 7-9 显示了小店区污灌区 PAHs 各组分人体健康致癌风险（土壤、作物 PAHs 各组分浓度含量取灌区均值）。US EPA 提出一般可接受的致癌风险水平为 10^{-6}，可接受的致癌风险水平上限为 10^{-4}。本研究中小店区成人和儿童 PAHs 致癌风险分别为 9.56×10^{-6} 和 7.64×10^{-6}，均为一般可接受的致癌风险水平，说明癌症风险水平在可接受范围内；但从安全角度考虑，应长期注意这些区域 PAHs 浓度水平。从暴露途径和暴露介质分析，成人 PAHs 致癌危害贡献以口-作物（玉米）和口-土壤为主，其对人体健康所造成的致癌危害占总个人年致癌风险的比例为 94.21%（成人），其中以口-作物（玉米）途径的贡献率最高，贡献了 79.07%；儿童 PAHs 致癌危害贡献以口-土壤和口-作物（玉米）为主，其对人体健康所造成的致癌危害占总个人年致癌风险的比例为 90.36%（儿童），其中以口-作物（玉米）的贡献率最高，贡献了 46.16%。本文通过土壤引起的综合致癌风险为 2.00×10^{-6}（成人）和 4.12×10^{-6}（儿童）。从 PAHs 各组分分析，对人体致癌风险贡献最大的为 BaP，对成人致癌风险贡献率为 60.70%，对儿童致癌风险贡献率为 57.26%，主要是这个组分致癌斜率因子相对较高所致。

表 7-9　小店区污灌区多环芳烃致癌风险计算结果

	暴露途径-介质	致癌风险								
		BaA	Chr	BbF	BkF	BaP	InP	BA	致癌风险小计	各途径-介质贡献率/%
成人	皮肤-土壤	1.83×10^{-8}	3.15×10^{-9}	4.07×10^{-8}	1.38×10^{-9}	2.09×10^{-7}	1.98×10^{-8}	1.17×10^{-7}	4.09×10^{-7}	4.27
	口-作物(玉米)	6.44×10^{-7}	9.13×10^{-9}	7.66×10^{-7}	2.88×10^{-7}	4.82×10^{-6}	1.03×10^{-6}		7.56×10^{-6}	79.07
	口-土壤	6.70×10^{-8}	1.15×10^{-9}	1.49×10^{-7}	5.03×10^{-9}	7.63×10^{-7}	7.23×10^{-8}	3.91×10^{-7}	1.45×10^{-6}	15.14
	呼吸-土壤	2.31×10^{-8}	1.37×10^{-9}	1.04×10^{-7}	4.25×10^{-10}	1.02×10^{-8}	4.26×10^{-9}	1.31×10^{-9}	1.45×10^{-7}	1.52
	小计	7.52×10^{-7}	1.48×10^{-8}	1.06×10^{-6}	2.95×10^{-7}	5.81×10^{-6}	1.13×10^{-6}	5.09×10^{-7}	9.56×10^{-6}	100.00
	各组分贡献率/%	7.87	0.15	11.08	3.08	60.70	11.79	5.32		
儿童	皮肤-土壤	3.00×10^{-8}	5.16×10^{-9}	6.66×10^{-8}	2.25×10^{-9}	3.42×10^{-7}	3.24×10^{-8}	1.91×10^{-7}	6.69×10^{-7}	8.75
	口-作物(玉米)	3.00×10^{-7}	4.26×10^{-9}	3.57×10^{-7}	1.34×10^{-7}	2.25×10^{-6}	4.81×10^{-7}		3.53×10^{-6}	46.16
	口-土壤	1.56×10^{-7}	2.69×10^{-9}	3.47×10^{-7}	1.17×10^{-8}	1.78×10^{-6}	1.69×10^{-7}	9.12×10^{-7}	3.38×10^{-6}	44.20
	呼吸-土壤	1.08×10^{-8}	6.41×10^{-10}	4.87×10^{-8}	1.98×10^{-10}	4.77×10^{-9}	1.99×10^{-9}	6.10×10^{-10}	6.77×10^{-8}	0.88
	小计	4.98×10^{-7}	1.28×10^{-8}	8.20×10^{-7}	1.49×10^{-7}	4.38×10^{-6}	6.84×10^{-7}	1.10×10^{-6}	7.64×10^{-6}	100.00
	各组分贡献率/%	6.51	0.17	10.72	1.94	57.26	8.95	14.44		

表7-10显示了小店区污灌区PAHs各组分非致癌风险（土壤、作物PAHs各组分浓度含量取灌区均值）。US EPA指出当非致癌危害指数大于1时，认为对人体健康产生危害。本研究中小店区成人和儿童非致癌指数分别为7.17×10^{-3}和1.52×10^{-2}，均低于1，说明PAHs未对人群产生明显的非致癌健康危害。从暴露途径和暴露介质分析，PAHs非致癌危害贡献以口-作物（玉米）和呼吸-土壤为主，其对人体健康所造成的非致癌危害占总个人年风险的比例分别为98.12%（成人）和92.95%（儿童），其中通过呼吸-土壤途径的贡献率最高，分别为69.36%（成人）和61.22%（儿童）。从PAHs各组分分析，对人体非致癌风险贡献最大的分别为Nap和Phe，各自对成人非致癌风险贡献率分别为73.91%和14.88%，各自对儿童非致癌风险贡献率分别为66.51%和17.51%，主要是作物中这两类组分含量相对较高所致。

表7-11显示了晋源区污灌区PAHs各组分致癌风险（土壤、作物PAHs各组分浓度含量取灌区均值）。US EPA提出一般可接受的致癌风险水平为10^{-6}，可接受的致癌风险水平上限为10^{-4}。本研究中晋源区成人和儿童PAHs致癌风险分别为8.46×10^{-6}和6.48×10^{-6}，均为一般可接受的致癌风险水平，说明癌症风险水平在可接受范围内；但从安全角度考虑，应长期注意这些区域PAHs浓度水平。从暴露途径和暴露介质分析，成人PAHs致癌危害贡献以口-土壤和口-作物（玉米）为主，其对人体健康所造成的致癌危害占总个人年致癌风险的比例为94.84%（成人），其中以口-作物（玉米）的贡献率最高，贡献了84.26%；儿童PAHs致癌危害贡献以口-土壤和口-作物（玉米）为主，其对人体健康所造成的致癌危害占总个人年致癌风险的比例为90.95%（儿童），其中以口-作物（玉米）的贡献率最高，贡献了49.56%。通过土壤引起的综合致癌风险为1.59×10^{-6}（成人）和3.27×10^{-6}（儿童）。从PAHs各组分分析，对人体致癌风险贡献最大的分别为BaP，对成人致癌风险贡献率分别为45.85%，对儿童致癌风险贡献率分别为51.29%，主要是这个组分致癌斜率因子相对较高所致。

表7-12显示了晋源区污灌区PAHs各组分非致癌风险（土壤、作物PAHs各组分浓度含量取灌区均值）。USEPA指出当非致癌危害指数大于1时，认为对人体健康产生危害。本研究中晋源区成人和儿童非致癌指数分别为8.83×10^{-3}和1.82×10^{-2}，均低于1，说明PAHs未对人群产生明显的非致癌健康危害。从暴露途径和暴露介质分析，PAHs非致癌危害贡献以口-作物（玉米）和呼吸-土壤为主，其对人体健康所造成的非致癌危害占总个人年风险

的比例分别为98.58%（成人）和94.57%（儿童），其中通过呼吸-土壤途径的贡献率最高，分别为76.07%（成人）和69.03%（儿童）。从PAHs各组分分析，对人体非致癌风险贡献最大的分别为Nap和Phe，各自对成人非致癌风险贡献率分别为79.92%和11.27%，各自对儿童非致癌风险贡献率分别为73.70%和13.92%，主要是作物中这两类组分含量相对较高所致。

表7-13显示了清徐县污灌区PAHs各组分致癌风险（土壤、作物PAHs各组分浓度含量取灌区均值）。US EPA提出一般可接受的致癌风险水平为10^{-6}，可接受的致癌风险水平上限为10^{-4}。本研究中清徐县成人和儿童PAHs致癌风险分别为7.76×10^{-6}和4.23×10^{-6}，均为一般可接受的致癌风险水平，说明癌症风险水平在可接受范围内；但从安全角度考虑，应长期注意这些区域PAHs浓度水平。从暴露途径和暴露介质分析，成人PAHs致癌危害贡献以口-土壤和口-作物（玉米）为主，其对人体健康所造成的致癌危害占总个人年致癌风险的比例为98.60%（成人），其中以口-作物（玉米）的贡献率最高，贡献了95.04%；儿童PAHs致癌危害贡献以口-土壤和口-作物（玉米）为主，其对人体健康所造成的致癌危害占总个人年致癌风险的比例分别为96.64%（儿童），其中以口-作物（玉米）的贡献率最高，贡献了81.38%。本文通过土壤引起的综合致癌风险为3.85×10^{-7}（成人）和7.88×10^{-7}（儿童）。从PAHs各组分分析，对人体致癌风险贡献最大的分别为BaP，对成人致癌风险贡献率为63.15%，对儿童致癌风险贡献率为61.28%，主要是这个组分致癌斜率因子相对较高所致。

表7-14显示了清徐县污灌区PAHs各组分非致癌风险（土壤、作物PAHs各组分浓度含量取灌区均值）。US EPA指出当非致癌危害指数大于1时，认为对人体健康产生危害。本研究中清徐县成人和儿童非致癌指数分别为2.10×10^{-3}和8.19×10^{-3}，均低于1，说明PAHs未对人群产生明显的非致癌健康危害。从暴露途径和暴露介质分析，PAHs非致癌危害贡献以口-作物（玉米）和呼吸-土壤为主，其对人体健康所造成的非致癌危害占总个人年风险的比例分别为99.24%（成人）和97.22%（儿童），其中通过口-作物（玉米）途径的贡献率最高，分别为52.51%（成人）和56.79%（儿童）。从PAHs各组分分析，对人体非致癌风险贡献最大的分别为Nap和Phe，各自对成人非致癌风险贡献率分别为55.40%和25.69%，各自对儿童非致癌风险贡献率分别为49.98%和28.38%，主要是作物中这两类组分含量相对较高所致。

表 7-10 小店区污灌区多环芳烃非致癌风险计算结果

	暴露途径-介质	非致癌风险										
		Nap	Ace	Acy	Flu	Phe	Ant	Flt	Pyr	BP	非致癌风险小计	各途径-介质贡献率/%
成人	皮肤-土壤	3.81×10^{-6}	1.80×10^{-6}	1.13×10^{-6}	4.90×10^{-6}	1.50×10^{-5}	5.51×10^{-7}	1.60×10^{-5}	1.52×10^{-5}	1.03×10^{-5}	6.87×10^{-5}	0.96
	口-作物(玉米)	3.18×10^{-4}	1.71×10^{-5}	5.68×10^{-5}	1.83×10^{-4}	1.04×10^{-3}	3.92×10^{-6}	2.74×10^{-4}	1.70×10^{-4}		2.06×10^{-3}	28.76
	口-土壤	3.67×10^{-6}	1.74×10^{-6}	1.09×10^{-6}	4.73×10^{-6}	1.45×10^{-5}	5.31×10^{-7}	1.55×10^{-5}	1.46×10^{-5}	9.93×10^{-6}	6.63×10^{-5}	0.92
	呼吸-土壤	4.97×10^{-3}									4.97×10^{-3}	69.36
	小计	5.30×10^{-3}	2.07×10^{-5}	5.90×10^{-5}	1.93×10^{-4}	1.07×10^{-3}	5.01×10^{-6}	3.05×10^{-4}	2.00×10^{-4}	2.02×10^{-5}	7.17×10^{-3}	100.00
	各组分贡献率/%	73.91	0.29	0.82	2.69	14.88	0.07	4.26	2.80	0.28		
儿童	皮肤-土壤	2.50×10^{-5}	1.18×10^{-5}	7.38×10^{-6}	3.21×10^{-5}	9.85×10^{-5}	3.61×10^{-6}	1.05×10^{-4}	9.94×10^{-5}	6.74×10^{-5}	4.50×10^{-4}	2.97
	口-作物(玉米)	7.43×10^{-4}	3.99×10^{-5}	1.33×10^{-4}	4.27×10^{-4}	2.42×10^{-3}	9.16×10^{-6}	6.39×10^{-4}	3.98×10^{-4}		4.81×10^{-3}	31.73
	口-土壤	3.43×10^{-5}	1.62×10^{-5}	1.01×10^{-5}	4.41×10^{-5}	1.35×10^{-4}	4.96×10^{-6}	1.44×10^{-4}	1.37×10^{-4}	9.26×10^{-5}	6.19×10^{-4}	4.08
	呼吸-土壤	9.28×10^{-3}									9.28×10^{-3}	61.22
	小计	1.01×10^{-2}	6.79×10^{-5}	1.50×10^{-4}	5.03×10^{-4}	2.65×10^{-3}	1.77×10^{-5}	8.89×10^{-4}	6.34×10^{-4}	1.60×10^{-4}	1.52×10^{-2}	100.00
	各组分贡献率/%	66.51	0.45	0.99	3.32	17.51	0.12	5.86	4.18	1.06		

表 7-11 晋源区污灌区多环芳烃致癌风险计算结果

	暴露途径-介质	致癌风险								
		BaA	Chr	BbF	BkF	BaP	InP	BA	致癌风险小计	各途径-介质贡献率/%
成人	皮肤-土壤	1.90×10^{-8}	2.82×10^{-9}	2.87×10^{-8}	8.68×10^{-10}	1.44×10^{-7}	1.63×10^{-8}	1.14×10^{-7}	3.26×10^{-7}	3.86
	口-作物(玉米)	8.26×10^{-7}	7.92×10^{-9}	8.59×10^{-7}	3.13×10^{-7}	3.96×10^{-6}	9.08×10^{-7}		6.88×10^{-6}	81.26
	口-土壤	6.96×10^{-8}	1.03×10^{-9}	1.05×10^{-7}	3.17×10^{-9}	5.28×10^{-7}	5.96×10^{-8}	3.82×10^{-7}	1.15×10^{-6}	13.58
	呼吸-土壤	2.40×10^{-8}	1.23×10^{-9}	7.34×10^{-8}	2.68×10^{-10}	7.08×10^{-9}	3.52×10^{-9}	1.28×10^{-9}	1.11×10^{-7}	1.31
	小计	9.39×10^{-7}	1.30×10^{-8}	1.07×10^{-6}	3.17×10^{-7}	4.64×10^{-6}	9.87×10^{-7}	4.98×10^{-7}	8.46×10^{-6}	100.00
	各组分贡献率/%	11.10	0.15	12.60	3.75	54.85	11.67	5.88		
儿童	皮肤-土壤	3.12×10^{-8}	4.62×10^{-9}	4.69×10^{-8}	1.42×10^{-9}	2.37×10^{-7}	2.67×10^{-8}	1.87×10^{-7}	5.34×10^{-7}	8.25
	口-作物(玉米)	3.86×10^{-7}	3.70×10^{-9}	4.01×10^{-7}	1.46×10^{-7}	1.85×10^{-6}	4.24×10^{-7}		3.21×10^{-6}	49.56
	口-土壤	1.62×10^{-7}	2.41×10^{-9}	2.44×10^{-7}	7.41×10^{-9}	1.23×10^{-6}	1.39×10^{-7}	8.92×10^{-7}	2.68×10^{-6}	41.39
	呼吸-土壤	1.12×10^{-8}	5.74×10^{-10}	3.43×10^{-8}	1.25×10^{-10}	3.30×10^{-9}	1.64×10^{-9}	5.97×10^{-10}	5.17×10^{-8}	0.80
	小计	5.90×10^{-7}	1.13×10^{-8}	7.26×10^{-7}	1.55×10^{-7}	3.32×10^{-6}	5.91×10^{-7}	1.08×10^{-6}	6.48×10^{-6}	100.00
	各组分贡献率/%	9.12	0.17	11.22	2.39	51.29	9.13	16.68		

表 7-12 晋源区污灌区多环芳烃非致癌风险计算结果

	暴露途径-介质	非致癌风险										
		Nap	Ace	Acy	Flu	Phe	Ant	Flt	Pyr	BP	非致癌风险小计	各途径-介质贡献率/%
成人	皮肤-土壤	5.15×10^{-6}	6.51×10^{-7}	6.50×10^{-7}	2.28×10^{-6}	1.89×10^{-5}	4.19×10^{-7}	1.37×10^{-5}	1.33×10^{-5}	8.43×10^{-6}	6.35×10^{-5}	0.72
	口-作物(玉米)	3.29×10^{-4}	1.73×10^{-5}	5.62×10^{-5}	1.81×10^{-4}	9.58×10^{-4}	3.80×10^{-6}	2.91×10^{-4}	1.52×10^{-4}		1.99×10^{-3}	22.51
	口-土壤	4.97×10^{-6}	6.28×10^{-7}	6.27×10^{-7}	2.19×10^{-6}	1.82×10^{-5}	4.04×10^{-7}	1.32×10^{-5}	1.28×10^{-5}	8.12×10^{-6}	6.12×10^{-5}	0.69
	呼吸-土壤	6.72×10^{-3}									6.72×10^{-3}	76.07
	小计	7.06×10^{-3}	1.86×10^{-5}	5.75×10^{-5}	1.85×10^{-4}	9.95×10^{-4}	4.62×10^{-6}	3.18×10^{-4}	1.78×10^{-4}	1.66×10^{-5}	8.83×10^{-3}	100.00
	各组分贡献率/%	79.92	0.21	0.65	2.10	11.27	0.05	3.60	2.01	0.19		
儿童	皮肤-土壤	3.37×10^{-5}	4.27×10^{-6}	4.26×10^{-6}	1.49×10^{-5}	1.24×10^{-4}	2.74×10^{-6}	8.94×10^{-5}	8.73×10^{-5}	5.52×10^{-5}	4.16×10^{-4}	2.29
	口-作物(玉米)	7.69×10^{-4}	4.04×10^{-5}	1.31×10^{-4}	4.21×10^{-4}	2.24×10^{-3}	8.86×10^{-6}	6.79×10^{-4}	3.54×10^{-4}		4.64×10^{-3}	25.54
	口-土壤	4.63×10^{-5}	5.86×10^{-6}	5.85×10^{-6}	2.05×10^{-5}	1.70×10^{-4}	3.77×10^{-6}	1.23×10^{-4}	1.20×10^{-4}	7.58×10^{-5}	5.71×10^{-4}	3.14
	呼吸-土壤	1.25×10^{-2}									1.25×10^{-2}	69.03
	小计	1.34×10^{-2}	5.05×10^{-5}	1.41×10^{-4}	4.57×10^{-4}	2.53×10^{-3}	1.54×10^{-5}	8.92×10^{-4}	5.61×10^{-4}	1.31×10^{-4}	1.82×10^{-2}	100.00
	各组分贡献率/%	73.70	0.28	0.78	2.51	13.92	0.08	4.91	3.09	0.72		

表 7-13 清徐县污灌区多环芳烃致癌风险计算结果

	暴露途径-介质	致癌风险								
		BaA	Chr	BbF	BkF	BaP	InP	BA	致癌风险小计	各途径-介质贡献率/%
成人	皮肤-土壤	3.78×10^{-9}	6.70×10^{-10}	8.63×10^{-9}	2.54×10^{-10}	3.81×10^{-8}	3.47×10^{-9}	2.33×10^{-8}	7.82×10^{-8}	1.01
	口-作物(玉米)	5.87×10^{-7}	8.39×10^{-9}	8.77×10^{-7}	2.91×10^{-7}	4.72×10^{-6}	8.90×10^{-7}		7.38×10^{-6}	95.04
	口-土壤	1.38×10^{-8}	2.45×10^{-10}	3.15×10^{-8}	9.27×10^{-0}	1.39×10^{-7}	1.27×10^{-8}	7.82×10^{-8}	2.77×10^{-7}	3.56
	呼吸-土壤	4.77×10^{-9}	2.92×10^{-10}	2.21×10^{-8}	7.82×10^{-11}	1.87×10^{-9}	7.47×10^{-10}	2.61×10^{-10}	3.01×10^{-8}	0.39
	小计	6.09×10^{-7}	9.60×10^{-9}	9.40×10^{-7}	2.92×10^{-7}	4.90×10^{-6}	9.07×10^{-7}	1.02×10^{-7}	7.76×10^{-6}	100.00
	各组分贡献率/%	7.85	0.12	12.11	3.77	63.15	11.69	1.31		
儿童	皮肤-土壤	6.19×10^{-9}	1.10×10^{-9}	1.41×10^{-8}	4.15×10^{-10}	6.24×10^{-8}	5.67×10^{-9}	3.82×10^{-8}	1.28×10^{-7}	3.03
	口-作物(玉米)	2.74×10^{-7}	3.91×10^{-9}	4.09×10^{-7}	1.36×10^{-7}	2.20×10^{-6}	4.15×10^{-7}		3.44×10^{-6}	81.38
	口-土壤	3.22×10^{-8}	5.72×10^{-10}	7.36×10^{-8}	2.16×10^{-9}	3.25×10^{-7}	2.96×10^{-8}	1.82×10^{-7}	6.46×10^{-7}	15.26
	呼吸-土壤	2.22×10^{-9}	1.36×10^{-10}	1.03×10^{-8}	3.65×10^{-11}	8.72×10^{-10}	3.49×10^{-10}	1.22×10^{-10}	1.41×10^{-8}	0.33
	小计	3.15×10^{-7}	5.72×10^{-9}	5.07×10^{-7}	1.38×10^{-7}	2.59×10^{-6}	4.51×10^{-7}	2.21×10^{-7}	4.23×10^{-6}	100.00
	各组分贡献率/%	7.44	0.14	12.00	3.27	61.28	10.66	5.22		

表 7-14 清徐县污灌区多环芳烃非致癌风险计算结果

	暴露途径-介质	非致癌风险										
		Nap	Ace	Acy	Flu	Phe	Ant	Flt	Pyr	BP	非致癌风险小计	各途径-介质贡献率/%
成人	皮肤-土壤	1.36×10^{-6}	1.60×10^{-7}	1.52×10^{-7}	5.38×10^{-7}	4.42×10^{-6}	5.24×10^{-8}	2.92×10^{-6}	3.16×10^{-6}	1.92×10^{-6}	1.47×10^{-5}	0.39
	口-作物(玉米)	3.26×10^{-4}	1.65×10^{-5}	6.30×10^{-5}	1.82×10^{-4}	9.67×10^{-4}	4.31×10^{-6}	2.89×10^{-4}	1.46×10^{-4}		1.99×10^{-3}	52.51
	口-土壤	1.31×10^{-6}	1.54×10^{-7}	1.48×10^{-7}	5.18×10^{-7}	4.26×10^{-6}	5.05×10^{-8}	2.81×10^{-6}	3.04×10^{-6}	1.85×10^{-6}	1.41×10^{-5}	0.37
	呼吸-土壤	1.77×10^{-3}									1.77×10^{-3}	46.73
	小计	2.10×10^{-3}	1.68×10^{-5}	6.33×10^{-5}	1.83×10^{-4}	9.76×10^{-4}	4.41×10^{-6}	2.94×10^{-4}	1.52×10^{-4}	3.77×10^{-6}	2.10×10^{-3}	100.00
	各组分贡献率/%	55.40	0.44	1.67	4.83	25.69	0.12	7.75	4.01	0.10	55.40	
儿童	皮肤-土壤	8.91×10^{-6}	1.05×10^{-6}	9.98×10^{-7}	3.52×10^{-6}	2.89×10^{-5}	3.43×10^{-7}	1.91×10^{-5}	2.07×10^{-5}	1.26×10^{-5}	9.61×10^{-5}	1.17
	口-作物(玉米)	7.62×10^{-4}	3.85×10^{-5}	1.47×10^{-4}	4.25×10^{-4}	2.26×10^{-3}	1.01×10^{-5}	6.73×10^{-4}	3.41×10^{-4}		4.65×10^{-3}	56.79
	口-土壤	1.22×10^{-5}	1.44×10^{-6}	1.38×10^{-6}	4.84×10^{-6}	3.98×10^{-5}	4.72×10^{-7}	2.63×10^{-5}	2.84×10^{-5}	1.73×10^{-5}	1.32×10^{-4}	1.61
	呼吸-土壤	3.31×10^{-3}									3.31×10^{-3}	40.43
	小计	4.10×10^{-3}	4.10×10^{-5}	1.49×10^{-4}	4.34×10^{-4}	2.33×10^{-3}	1.09×10^{-5}	7.19×10^{-4}	3.90×10^{-4}	2.98×10^{-5}	8.19×10^{-3}	100.00
	各组分贡献率/%	49.98	0.50	1.82	5.29	28.38	0.13	8.77	4.76	0.36		

综合来看，三个研究区成人致癌风险从大到小为小店区＞晋源区＞清徐县，非致癌风险从大到小为晋源区＞小店区＞清徐县；儿童致癌风险从大到小为小店区＞晋源区＞清徐县，非致癌风险从大到小为晋源区＞小店区＞清徐县。从暴露途径和暴露介质分析，三个研究区成人和儿童 PAHs 致癌危害贡献均以口-作物（玉米）和口-土壤为主，且口-土壤途径的 PAHs 致癌危害贡献儿童显著大于成人，这与儿童玩泥土多一致；PAHs 非致癌危害贡献以口-作物（玉米）和呼吸-土壤为主。从 PAHs 各组分分析，三个研究区对人体致癌风险贡献最大的均为 BaP；三个研究区对人体非致癌风险贡献最大的均为 Nap。

7.4 风险评估的不确定性分析

健康风险评估涉及多种学科，其理论依据依赖多方面的信息，如环境污染规律、污染物的健康效应、人群行为方式和重金属毒性机理，等等。这些复杂的因素具有很多不确定性，有些是不可避免的，有些是人为的失误或考虑问题的不周到，或处理问题的方式方法不完善等原因造成的。因此传递到评估结果会造成客观的变异性与不确定性。主要包括以下几个方面。

（1）本次风险研究只考虑了人体接触暴露和饮食暴露，其中饮食暴露途径中，只计算了玉米摄入引起的健康风险。忽略了重要的饮用水摄入风险评估以及饮食结构中其他食物的摄入风险。这些暴露途径对人体产生的健康风险不容忽视。

（2）计算重金属的日摄入量的时候，比如某种食物日摄入量、人体暴露时间、受体体重等参数，大多数采取的是美国国家环保局的推荐值和区域问卷调查结果；美国国家环保局的推荐值能否适应当地居民现在的生活习惯，区域问卷调查是否具有代表性和典型性，仍需要进行进一步验证。目前我国污染场地健康风险评估刚刚起步，评估体系和参数仍不完善，需要通过大量研究确定适应我国国情并能与我国土壤质量标准相结合的暴露参数，这样才能提高健康风险评估的准确度。

（3）本次调查中没有区分不同职业的暴露环境，而不同职业的人群的暴露量可能不同，尤其是从事提金活动工作的人群，暴露于重金属污染比较严重的环境中，其健康风险可能要高于本次研究中得出的居民总体健康风险。

（4）人体健康风险评估的不确定性是普遍存在的，要减少不确定性，今后的工作中还需要考虑得更为全面，收集更多相关的数据和资料进行研究。但不确定性的存在并不意味着本次风险评估无效，应该说，研究区内居民健康风险评估的结果对土壤重金属风险管理及决策有一定的参考价值及指导意义。

第8章 污灌区农田土壤安全利用及生态修复建议

8.1 建立土壤污染防治法律法规体系

作为土壤污染防治的基本法，《中华人民共和国土壤污染防治法》已于2018年颁布实施，为全国性的土壤污染防治工作提供了明确的法律依据。应继续完善并制定土壤污染防治配套法律、实施细则、管理办法等，从细节上对土壤污染行为进行全面规制，达到全面防治，同时保护生态和维护公众健康。

土壤污染防治法律法规的制定，应特别注重土壤环境影响评价、环境质量监测、环境风险评估、耕地质量控制和治理效果回顾等机制的建立。在管理体制上，明确污染防治工作中的政府职责，制定追责条款和纠纷处理机制。应赋予环境保护部门更多执法权，与相关部门形成联合执法机制，提高处罚力度和效率，应达到令行禁止、不敢再犯的效果，不能让污染者有恃无恐，让法律变成摆设。

8.2 完善管理制度和管理体系

目前，在国际上，环境基准的研究和环境标准的制定已经成为了反映一个国家环境科学研究水平的主要标志之一。我国的土壤环境标准的制定处于刚刚起步阶段，当务之急就是要制定符合我国国情的土壤环境质量标准，增加配套的标准和技术规范，对不同种污染物根据实际情况制定相应的控制标准，同时也要根据不同地区的实际情况，制定具有针对性的地方标准，并且随着经济的发展和产业结构的调整，对各类标准进行修订和完善，并长期坚持下去。对于农田土壤应当尽快制定相应的污染物控制标准，通过各种技术手段保障土壤的安全，最大限度地减少污染物进入作物并通过食物链传递到人体中的比例。

生态环境部已成立了土壤生态环境司，各省市应加快建立自己的土壤污染防治专门机构，同时赋予执法监察队更高权力，增加执法力度。明确各级政府的职责，签订责任承诺书，编制土壤污染防治工作方案，研究制定土壤环境保护成效评估和考核机制，开展年度考核与问责。从横向来看，应逐步形成政府管理机构、执法部门、民间环保组织和普通群众四位一体的管理体系。从纵向来看，形成由中央到地方的治污管理机构体系。同时，现有的民间环境保护组织在政府机构或企业违反环境法时也能发挥重要的监督作用。

8.3 应用污染控制技术

减轻土壤重金属污染最有效的方法就是从源头切断，杜绝或者降低重金属的输出排放。以预防为主，防治结合为方针，针对不同情况的污染土地应当采取不同的相应措施。要从源头控制污染，首先要了解污染物的来源，从而可以根据实际情况来应用技术手段或非技术手段（制定污染物排放标准等）来控制污染，本研究得出的来源分析结论为，研究区农田土壤及作物中重金属和多环芳烃的主要来源为“三废”排放、煤等生物质的燃烧以及石油燃烧来源的交通污染，根据该分析结果，提出以下建议来措施控制污染。

针对重金属局部污染程度严重的土地，可以采取的修复措施包括物理修复、化学修复与生物修复等技术，另外，还可以通过调整种植的作物种类或者转换农用地的地类来优化布局。例如，将重金属重度超标的农用地转变成非农业用地，最大程度地降低工程修复的成本，从而避免进行大面积土地修复带来的不必要的经济损失。

针对大面积污染的土地，去除重金属污染比较困难，但是可以通过提高土壤本身的自净能力来降低土壤中重金属的活性，减少重金属从土壤向农作物特别是可食部分的转移。从钝化土壤中重金属的立场出发，适当地调整土壤的矿物组成与有机质成分，种植重金属低积累作物，科学管理水分，施用功能性肥料等。比如对 Cd 污染的种植小麦的农田，可以施用鸡粪、玉米秸秆、粉煤灰等；对 Pb 污染的土壤则可以施用玉米秸秆、氮肥、粉煤灰等，可以有效地缓解 Pb 毒害，修复土壤。

针对交通运输造成的土壤污染，可采取的措施包括使用环保清洁的燃料，多使用节能的交通工具，设立绿化带或者防护林以降低重金属的输出。

此外，利用生物修复技术来降解和消除污染环境的多环芳烃是近年来环境领域的研究热点。生物修复的途径可以分为两类，第一类是植物修复技术，植物本身都具有其特有的吸收、根滤、挥发、稳定等作用，可以在靠近公路沿线的农田中种植部分易于富集多环芳烃类污染物的景观作物，一来可以吸收土壤中的多环芳烃，进而减少土壤中多环芳烃的残留，二来可以阻断多环芳烃通过路面径流流向农作物种植区，进而保护农作物被污染的概率。第二类是利用微生物降解来对土壤中多环芳烃进行修复，微生物修复因成本低廉、降解比较彻底、环境友好等特点在环境污染的修复方面一直发挥着非常重要的作用。环境中的微生物资源十分丰富，可以培养能够适应当地环境、具有降解不同结构的多环芳烃能力的降解菌，从而可以在不对周边环境造成二次污染又不影响农作物正常种植的条件下，减少多环芳烃进入作物的含量，进而减少多环芳烃对人体健康的影响。

同时，为了减缓和控制一些地区的土壤环境继续恶化，转变生产方式迫在眉睫，应该积极开展清洁生产，避免在经济高速发展的同时破坏了生态环境。大力发展环保行业并且研发新的生产工艺，在生产过程中多使用环保材料，来降低消耗节省能源。优化产业结构，使工业由粗放型慢慢向集约型转化，高效利用能源，减少污染的排放。建立一套完整的重金属污染检测、跟踪、评价体系，严格控制重金属的超标排放，对于重点监管行业（比如有色金属矿采选冶炼、石油开采加工、化工、电镀等）排放的污染物重点监管。

8.4　增强民众环保意识

加强宣传教育工作，让公众了解污染物会对人体健康产生的危害，让人们意识到，土壤质量的优劣可以直接对人体健康造成影响，进而影响国家和社会的和谐，让民众认识到当前环境的形势，人人都应具有使命感。可以更大程度地公开环境信息，该手段可以更好地弥补环境监察能力的不足，可以通过民众的参与而对污染者起到警示和约束的作用。公开与民众生活息息相关的污染信息，让民众可以了解不同污染物的产生来源、不同区域的污染程度以及各种污染物将会对人体造成的危害，以便让民众可以更好地配合环境污染的治理工作。也可以选择更加清洁的工作、居住环境以及选择更清洁的种植地，从而可以有效地降低污染物的人体暴露水平，进而减少污染物与对人体健康的危害。同时还应可以通过网络、电视、报纸等媒介多进行宣传教育，使预防土壤重金属污染成为人们自发自觉的行为[105,106]。

参考文献

[1] Stroganova M, Myagkova A, Prokofieva T, et al. Soil of Moscow and urban environment [M]. Moscow: Russian Federation Press, 1998.

[2] Mico C., Recatala L., Peris M., Sanche Z. J. Assessing heavy metal sources in agricultural soils of an Europea Mediterranean area by multivariate analysis [J]. Chemosphere, 2006, 65: 863-872.

[3] Han B, Liu A, He S, et al. Composition, content, source, and risk assessment of PAHs in intertidal sediment in Shilaoren Bay, Qingdao, China [J]. Marine Pollution Bulletin, 2020, 159: 111499.

[4] Reiko K, Robert A O, Randy L. Maddalena, et al. Polycyclic aromatic hydrocarbons in edible grain: A pilot study of agricultural crops as a human exposure pathway for environmental contaminants using wheat as a model crop [J]. Environmental Research, 2008, 107: 145-151.

[5] 钟秀明，武雪萍．我国农田污染与农产品质量安全现状、问题及对策 [J]. 中国农业资源与区划，2007，28 (5)：27-32.

[6] 韩琦．太原市污灌区重金属镉、铅的生态毒性效应研究 [D]. 太原：山西大学，2010.

[7] 齐雁冰，楚万林，蒲洁．陕北某化工企业周围污灌区土壤作物系统重金属积累特征及评价 [J]. 环境科学，2015，36 (4)：1453-1460.

[8] 韩文辉，党晋华，赵颖．污灌区重金属和多环芳烃复合污染及其对农田土壤微生物数量的影响 [J]. 生态环境学报，2016，25 (9)：1562-1568.

[9] Wang L. X., Guo Z. H.. Heavy metal pollution of soils and vegetables in the midstream and downstream of the Xiangjiang River, Hunan Province [J]. Journal of Geographical Sciences, 2008, 18: 353-362.

[10] 李飞，黄锦辉，曾光明，等．基于三角模糊数和重金属化学形态的土壤重金属污染综合评价模型 [J]. 环境科学学报，2012，32 (2)：432-439.

[11] 刘扬林，蒋新元．株洲市白马乡土壤和农作物重金属污染评价 [J]. 土壤，2004，36 (5)：551-556.

[12] Sharma R. K.. Heavy metal contamination of soil and vegetables in suburban areas of Varanasi, India [J]. Ecotoxicology and Environmental Safety, 2007, 66: 258-266.

[13] 薛占军．河北省主要污灌土壤质量及其污染风险评价研究 [D]. 保定：河北农业大学，2012.

[14] Guo J Y, Wu F C, Luo X J, et al. Anthropogenic Indut of polycyclic aromatic hydrocarbons into five lakes in Western China [J]. Environmental Pollution, 2010, 158: 2175-2180.

[15] Tang L L, Tang X Y, Zhu Y G, et al. Contamination of polycyclic aromatic hydrocarbons (PAHs) in urban soils in Beijing, China [J]. Environment International, 2005, 31: 822- 828.

[16] 马光军，梁晶，方海兰，等．上海市主要道路绿地土壤中多环芳烃的分布特征 [J]. 土壤，2009，41 (5)：738-743.

[17] Zhang H B, Luo Y M, Wong M H, et al. Distributions and Concentrations of PAHs in Hong Kong Soils [J]. Environmental Pollution, 2006, 141: 107-114.

[18] Saba B, Hashmi I, Awan M A, et al. Distribution, toxicity level, and concentration of polycyclic aromatic hydrocarbons (PAHs) in surface soil and groundwater of Rawalpindi, Pakistan [J]. Desalination and Water Treatment, 2012, 49: 240-247.

[19] Pies C, Yang Y, Hofmann T. Distribution of polycyclic aromatic hydrocarbons (PAHs) in floodplain soils of the Mosel and Saar River [J]. Journal of Soils and Sediments, 2007, (7): 216-222.

[20] Tao S, Jiao X C, Chen S H, et al. Accumulation and distribution of polycyclic aromatic hydrocarbons in rice (Oryza sativa) [J]. Environmental Pollution, 2006, 140: 406-415.

[21] Reiko K, Robert A O , Randy L. Maddalena, et al. Polycyclic aromatic hydrocarbons in edible grain: A pilot study of agricultural crops as a human exposure pathway for environmental contaminants using wheat as a model crop [J]. Environmental Research, 2008, 107: 145-151.

[22] Tripti A , Khillare P S, Vijay S, et al. Pattern, sources and toxic potential of PAHs in the agricultural soils of Delhi, India. Journal of Hazardous Materials [J]. 2009, 163 (2-3): 1033-1039.

[23] Xing X L, Qi S H, Zhang J Q, et al. Spatial distribution and source diagnosis of polycyclic aromatic hydrocarbons in soils from Chengdu Economic Region, Sichuan Province, western China [J]. Journal of Geochemical Exploration, 2011, 110 (2): 146-154.

[24] Wang W T, Massey S, Miao X, et al. Concentrations, sources and spatial distribution of polycyclic aromatic hydrocarbons in soils from Beijing, Tianjin and surrounding areas, North China [J]. Environmental Pollution, 2010, 158: 1245-1251.

[25] Bucheli T D, Blum F. Polycyclic aromatic hydrocarbons, black carbon, and molecular markers in soils of Switzerland [J]. Chemosphere, 2004, 56 (11): 1061-1076.

[26] 谢华，刘晓海，陈同斌，等．大型古老锡矿影响区土壤和蔬菜重金属含量及其健康风险 [J]. 环境科学，2008，29 (12)：3503-3507.

[27] 蔡立梅，黄兰椿，周永章，等．东莞市农业土壤和蔬菜砷含量及其健康风险分析 [J]. 环境科学与技术，2010，33 (1)：197-200.

[28] Frank A S. Human exposure model comparison study: state of play. Land Contamination Reclamation, 2001, 9 (1): 101-106.

[29] USEPA. Exposure factors handbook [R]. EPA/600/P-95/002Fa, Washington, D. C. 20460, Office of Research and Development, National Center for Environmental Assessment, U. S. Environmental Protection Agency: sec. 1992, 1-17.

[30] WHO, Environmental health criteria 202, appendix I: some approaches to risk assessment for polycyclic aromatic hydrocarbons, 1998.

[31] Tsaia P J, Shieh H Y, Lee W J. Health-risk assessment for workers exposed to polycyclic aromatic hydrocarbons PAHs in a carbon black manufacturing industry. The Science of the Total Environment, 2001, 278: 137-150.

[32] Liao C M, Chang K C. Probabilistic risk assessment for personal exposure to carcinogenic polycyclic aromatic hydrocarbons in Taiwanese temples. Chemosphere, 2006, 63: 1610-1619.

[33] Martorell I, Perell G, MartiCid Roser, et al. Polycyclic aromatic hydrocarbons (PAHs) in foods

and estimated PAH intake by the population of Catalonia, Spain: Temporal trend. Environment International, 2010, 36: 424-32.

[34] 刘小娟. 太原污灌区土壤有效态及作物重金属含量分析 [D]. 太原: 山西大学, 2010.

[35] 中国环境监测总站. 中国土壤元素背景值 [M]. 北京: 中国环境科学出版社, 1990.

[36] 裴延全, 王里奥, 包亮, 等. 三峡库区小江流域土壤重金属的分布特征与评价分析 [J]. 土壤通报, 2010, 41 (2): 206-211.

[37] 钮少颖. 山西省土壤地质环境元素与人体健康 [J]. 山西能源与节能, 2008, (1): 31-32.

[38] 生态环境部 国家市场监督管理总局. 土壤环境质量标准. 农用地土壤污染风险管控标准 GB 15618—2018. [S]. 北京: 中国环境出版集团, 2008.

[39] Li J H, Lu Y, Yin W, et al. Distribution of heavy metals in agricultural soils near a petrochemical complex in Guangzhou, China [J]. Environ Monit Assess, 2009, 153 (1): 365-375.

[40] Cheng J L, Shi Z, Zhu Y W. Assessment and mapping of environmental quality in agricultural soils of Zhejiang Province, China [J]. Journal of Environmental Sciences, 2007, 19 (1): 50-54.

[41] 陈凤, 濮励杰. 昆山市农业土壤基本性质与重金属含量及二者的关系 [J]. 土壤, 2007, 39 (2): 291-296.

[42] Yang P, Mao R Z, Shao H B, et al. The spatial variability of heavy metal distribution in the suburban farmland of Taihang Piedmont Plain, China [J]. Comptes Rendus Biologies, 2009, 332 (6): 558-566.

[43] Zhao Y F, Huang B, Yu D S, et al. Spatial distribution of heavy metals in agricultural soils of an industrybased peri-urban area in Wuxi, China [J]. Pedosphere, 2007, 17 (1): 44-51.

[44] Huang S S, Liao Q L, Hua M, et al. Survey of heavy metal pollution and assessment of agricultural soil in Yangzhong District, Jiangsu Province, China [J]. Chemosphere, 2007, 6 (11): 2148-2155.

[45] 尹观, 刘尚. 成都市农业土壤重金属污染特征初步研究 [J]. 广东微量元素科学, 2006, 13 (3): 41-45.

[46] Liu W H, Ouyang Z Y, Soderlund L, et al. Impactsof sewage irrigation on heavy metal distribution and contamination in Beijing, China [J]. Environ Int, 2005, 31 (6): 805-812.

[47] Li Y, Wang G, Zhang Q, et al. Heavy metal contamination and source in arid agricultural soil in central Gansu Province, China [J]. Journal of Environmental Sciences, 2008, 20 (5): 607-612.

[48] 张景茹, 周永章, 叶脉, 等. 土壤-蔬菜中重金属生物可利用性及迁移系数 [J]. 环境科学与技术, 2017, 40 (12): 256-266.

[49] 杨国义, 张天彬, 高淑涛, 等. 珠江三角洲典型区域农业土壤中多环芳烃的含量分布特征及其污染来源 [J]. 环境科学, 2007, 28 (10): 2350-2354.

[50] Ping L F, Luo Y M, Zhang H B, et al. Distribution of polycyclic aromatic hydrocarbons in thirty typical soil l profiles in the Yangtze River Delta region, east China [J]. Environmental Pollution, 2007, 147 (2): 358-367.

[51] 樊孝俊, 刘忠马, 夏新, 等. 南昌市周边农田土壤中多环芳烃的污染特征及来源分析 [J]. 中国

环境监测，2009，25（6）：109-112.

［52］周洁，张敬锁，刘晓霞等．北京市郊农田土壤中多环芳烃污染特征及风险评价［J］．农业资源与环境学报，2019，36（4）：534-540.

［53］张天彬，杨国义，万洪富．东莞市土壤中多环芳烃的含量、代表物及来源［J］．土壤，2005，37（3）：265-271.

［54］Song Y F，Wilke B M，Song X Y，et al. Polycyclic aromatic hydrocarbons（PAHs），polychlorinated biphenyls（PCBs）and heavy metals（HMs）as well as their genotoxicity in soil after long-term wastewater irrigation［J］．Chemosphere，2006，65（10）：1859-1868.

［55］朱清禾，曾军，吴宇澄，等．南京有机污染风险区农田土壤多环芳烃污染状况研究［J］．土壤通报，2016，47（6）：1485- 1489

［56］曲健，宋云横，苏娜．沈抚灌区上游土壤中多环芳烃的含量分析［J］．中国环境监测，2006，22（3）：29-31.

［57］葛蔚，程琪琪，柴超，等．山东省农田土壤多环芳烃的污染特征及源解析［J］．环境科学，2017，38（4）：1587-1595.

［58］刘增俊，滕应，黄标，等．长江三角洲典型地区农田土壤多环芳烃分布特征与源解析［J］．土壤学报，2010，47（6）：1110-1117.

［59］中华人民共和国国家卫生健康委员会 国家市场监督管理总局．食品安全国家标准 食品中污染物限量 GB2762—2022［S］．北京：中国标准出版社，2022.

［60］Chen Y，Zhang J，Zhang F et al. Contamination and health risk assessment of PAHs in farmland soils of the Yinma River Basin，China［J］．Ecotoxicology and Environmental Safety，2018，156：383－390.

［61］万开，江明，杨国义．珠江三角洲典型城市蔬菜中多环芳烃分布特征［J］．土壤，2009，41（4）：583-587.

［62］董瑞斌，许东风，刘雷，等．多环芳烃在环境中的行为［J］．环境与开发，1999，（4）：10-11，45.

［63］Readman J W，Fillmann G，Tolosa I，et al. Petroleum and PAH contamination of the Black Sea［J］．Marine Pollution Bulletin，2002，44（1）：48-62.

［64］Larsen RK，Baker JE. Source apportionment of polycyclic aromatic hydrocarbons in the urban atmosphere：A comparison of three methods［J］．Environmental Science Technology，2003，37（9）：1873-1881.

［65］Ravindra K，Bencs L，Wauters E，et al. Seasonal and site-specific variation in vapour and aerosol phase PAHs over Flanders（Belgium）and their relation with anthropogenic activities［J］．Atmospheric Environment，2006，40（4）：771-785.

［66］Kavouras I G，Koutrakis P，Tsapakis M，et al. Source apportionment of urban particulate aliphatic and polynuclear aromatic hydrocarbons（PAHs）using multivariate methods［J］．Environmental Science & Technology，2001，35（11）：2288-2294.

［67］Khalili N R，Scheff P A，Holsen T M. PAH source fingerprints for coke ovens，diesel and gasoline engines，highway tunnels，and wood combustion emissions [J]. Atmospheric Environment，1995，29：533-542.

[68] Athanasios V，Konstantinos F，Thomais V，et al. Characterization of atmospheric particulates，particle-bound transition metals and polycyclic aromatic hydrocarbons of urban air in the centre of Athens (Greece) [J]. Chemosphere，2006，65 (5)：760-768.

[69] Kohler M，Kunniger T，Schmid P，et al. Inventory and emission factors of creosote，polycyclic aromatic hydrocarbons (PAHs)，and phenols from railroad ties treated with creosote [J]. Environmental Science & Technology，2000，34 (22)：4766-4772.

[70] Luo C L，Liu C P，Wang Y，et al. Heavy metal contamination in soils and vegetables near an e-waste processing site，south China. Journal of Hazardrous Materials，2011，186 (1)：481-490.

[71] Xu D C，Zhou P，Zhan J，et al. Assessment of trace metal bioavailability in garden soils and health risks via consumption of vegetables in the vicinity of Tongling mining area，China. Ecotoxicology and Environmental Safety，2013，90：103-111.

[72] Hu W Y，Zhang Y X，Huang Bet al. Soil environmental quality in greenhouse vegetable production systems in eastern China：Current status and management strategies. Chemosphere，2017，170：183-195.

[73] Martin J A R，Ramos-Miras J J，Boluda R，et al. Spatial relations of heavy metals in arable and greenhouse soils of a Mediterranean environment region (Spain) . Geoderma，2013，200：180-188.

[74] Muchuweti A，Birkett J W，Chinyanga E，et al. Heavy metal content of vegetables irrigated with mixtures of wastewater and sewage sludge in Zimbabwe：Implications for human health. Agriculture Ecosystems andEnvironment，2006，112 (1)：41-48.

[75] 庞少鹏．煤矿区土壤-作物系统重金属生物有效性研究 [D]. 焦作：河南理工大学，2015.

[76] Edward R L，Donald D M，Sherri L S，et al. Incidence of adverse biological effects within ranges of chemical concentrations in marine and estuarine sediments [J]. Environmental Management，1995，19 (1)：81-97.

[77] Long E R，Field L J，Macdonald D D. Predicting toxicity in marine sediments with numerical sediment quality guidelines [J]. Environmental Toxicology and Chemistry，1998，17 (4)：714-727.

[78] 冯英，马璐瑶，王琼，等．我国土壤-蔬菜作物系统重金属污染及其安全生产综合农艺调控技术 [J]. 农业环境科学学报，2018，37 (11)：2359-2370.

[79] 林小兵，武琳，王惠明．不同功能区蔬菜地土壤重金属污染特征及其风险评价 [J]. 生态环境学报，2020，29 (11)：2296-2306.

[80] 张鹏帅，朱旭彬，苏雪玲，等．福州市郊农田土壤与蔬菜重金属污染状况分析 [J]. 福建师范大学学报（自然科学版），2018，34 (3)：85-94.

[81] 孟敏，杨林生，韦炳干，等．我国设施农田土壤重金属污染评价与空间分布特征 [J]. 生态与农村环境学报，2018，34 (11)：1019-1026.

[82] 杨阳，李艳玲，陈卫平，等．蔬菜镉（Cd）富集因子变化特征及其影响因素 [J]. 环境科学，2017，39 (1)：401-406.

[83] 龚梦丹，朱维琴，顾燕青，等．杭州蔬菜基地重金属污染及风险评价［J］．环境科学，2016，37（6）：2329-2337.

[84] 胡世玮，杨静，谢伟强，等．杨凌蔬菜产地土壤重金属污染风险评价［J］．西北农业学报，2015，24（8）：175-180.

[85] 常文静，李枝坚，周妍姿，等．深圳市不同功能区土壤表层重金属污染及其综合生态风险评价［J］．应用生态学报，2020，31（3）：999-1007.

[86] 黄国勤．江西省土壤重金属污染研究［C］．2011年中国环境科学学会学术年会论文集．北京：中国环境科学出版社，2011.

[87] 韩志刚，杨玉盛，杨红玉，等．福州市农业土壤多环芳烃的含量、来源及生态风险［J］．亚热带资源与环境学报，2008，3（2）：34-41.

[88] Liu SD，Xia XH，Yang LY，et al. Polycyclic aromatic hydrocarbons in urban soils of different land uses in Beijing，China：Distribution，sources and their correlation with the city's urbanization history［J］．Journal of Hazardous Materials，2010，177（1-3）：1085-1092.

[89] Agarwal T，Khillare PS，Shridhar V，et al. Pattern，sources and toxic potential of PAHs in the agricultural soils of Delhi，India［J］．Journal of Hazardous Materials，2009，163（2-3）：1033-1039.

[90] Amit M，Ajay T. Polycyclic aromatic hydrocarbons（PAHs）concentrations and related carcinogenic potencies in soil at a semi-arid region of India［J］．Chemosphere，2006，65（3）：449-456.

[91] CCME（Canadian Council of Ministers of the Environment）．Polycyclic Aromatic Hydrocarbons-Canadian Soil Quality Guidelines for Protection of Environmental and Human Health［S］．2010.

[92] Wit G t，Trost E. Polycyclic aromatic hydrocarbons（PAHs）in sediments of the Baltic sea and of the German Coastal Waters［J］．Chemosphere，1999，38（7）：1603-1614.

[93] 郑娜，王起超，郑冬梅．基于THQ的锌冶炼厂周围人群食用蔬菜的健康风险分析［J］．环境科学学报，2007，27（4）：672-678.

[94] El-Ghonemy H，Watts L，Fowler L. Treatment of uncertainty and developing conceptual models for environmental risk assessments and radioactive waste disposal safety cases［J］．Environment International，2005，31（1）：89-97.

[95] Cirone P A，Duncan P B. Integrating human health and ecological concerns in risk assessments［J］．Journal of Hazardous Materials，2000，78（1-3）：1-17.

[96] Wand X T，Chen L，Wang X K，et al. Occurrence，sources and health risk assessment of polycyclic aromatic hydrocarbons in urban（Pudong）and suburban soils from Shanghai in China［J］．Chemosphere，2015，119：1224-1232.

[97] USEPA. Soil screening guidance：user's guide［EB/OL］．［2016-08-20］．http：//www. epa. gov / superfund/resources/soil/ssg496. pdf.

[98] RAIS（Risk Assessment Information System）．Risk exposure models for chemicals user's guide［EB/OL］．［2016-08-20］．http：//rais. ornl. gov /tools /rais-chemical-risk-guide. html.

[99] USEPA. Risk assessment guidance for super fund Volume Ⅰ：human health evaluation manual

(Part E, Supplemental guidance for dermal risk assessment) [EB/OL]. [2016-08-20]. http: //www.epa.gov/oswer/riskassessment/ragse/index.html.

[100] USEPA. Supplement guidance for developing soil screening levels for super fund sites [EB/OL]. [2016-08-20]. http: //www.epa.gov/superfund/health/conmedia/soil/pdfs/ssg-main.pdf.

[101] USEPA. Human health evaluation manual: Part A, Risk assessment guidance for superfund [EB/OL]. [2010-10-8]. http: //www.epa.gov/oswer/riskassessment/ragsa/pdf/ch8.pdf.

[102] 董继元，王式功，尚可政．黄河兰州段多环芳烃类有机污染物健康风险评价［J］．农业环境科学学报，2009，28（9）：1892-1897.

[103] USEPA. Risk assessment guidance for superfund Volume Ⅰ: human health evaluation manual (Part A) interim Final [EB/OL]. (2010-10-08) (2016-08-20). http: //www.epa.gov/oswer/riskassessment/ragsa/index.html.

[104] 环境保护部．建设用地土壤污染风险评估技术导则．HJ25.3—2019．［S］．北京：中国环境科学出版社，2019.

[105] 王坤．陕西省持久性有机污染物的管理研究［D］．西安：西北大学，2017.

[106] 雷霆．基于两型农业发展视角的黑龙江省耕地污染防治对策研究［D］．哈尔滨：东北农业大学，2018.